林业生态建设与园林景观工程

于小鸥　冀红柳　刘　冀　著

廣東旅游出版社
GUANGDONG TRAVEL & TOURISM PRESS
悦读书·悦旅行·悦享人生
中国·广州

图书在版编目（CIP）数据

林业生态建设与园林景观工程 / 于小鸥，冀红柳，刘冀著. — 广州 : 广东旅游出版社，2024.6
ISBN 978-7-5570-3331-6

Ⅰ. ①林… Ⅱ. ①于… ②冀… ③刘… Ⅲ. ①林业—生态环境建设②景观—园林建筑—建筑工程 Ⅳ. ①S718.5 ②TU986.3

中国国家版本馆 CIP 数据核字（2024）第 110951 号

出 版 人：刘志松
责任编辑：魏智宏　张　琪
封面设计：周书意
责任校对：李瑞苑
责任技编：冼志良

林业生态建设与园林景观工程
LINYE SHENGTAI JIANSHE YU YUANLIN JINGGUAN GONGCHENG

广东旅游出版社出版发行
（广东省广州市荔湾区沙面北街 71 号首、二层）
邮编：510130
电话：020-87347732（总编室）　020-87348887（销售热线）
投稿邮箱：2026542779@qq.com
印刷：廊坊市海涛印刷有限公司
地址：廊坊市安次区码头镇金官屯村
开本：710 毫米 ×1000 毫米　16 开
字数：195 千字
印张：11.5
版次：2024 年 6 月第 1 版
印次：2024 年 6 月第 1 次
定价：68.00 元

前言

在当今社会，随着经济的快速发展，人们对生态环境的关注度越来越高。林业生态建设和园林景观工程作为生态建设的重要组成部分，不仅关乎生态平衡，也直接影响着人们的生活品质。因此，加强林业生态建设和园林景观工程建设，是实现人与自然和谐共生的必然要求。林业生态建设是维护生态平衡、保障国土安全的重要基础。通过植树造林、退耕还林、天然林保护等措施，可以增加森林覆盖率，提高森林质量，优化生态环境。同时，林业生态建设也是应对气候变化、减少温室气体排放的重要手段。通过科学合理的林业生态建设，可以实现经济、社会、生态的协调发展。园林景观工程则是通过规划、设计、施工等手段，将园林艺术与工程技术相结合，创造出具有美学价值、生态效益和社会效益的园林景观。园林景观工程不仅可以美化城市环境，提高城市形象，还可以改善城市生态环境，提高居民的生活质量。

本书对林业生态工程建设进行了概述，从现代林业与生态环境的关系入手，深入探讨了林业生态工程的理论基础和战略对策。此外，本书还详细介绍了园林景观工程的设计元素，包括地形、水体、植物、园林建筑和小品等景观的设计。

为了更好地指导实践工作，本书还对现代园林景观工程的管理进行了深入探讨，包括生态设计趋势和精细化管理等方面。最后，本书对造林绿化的作用和工程施工进行了阐述，介绍了造林绿化的多元化表现、施工特点、施工程序和项目管理等内容。

本书的特点在于其全面性和实用性。从理论到实践，从宏观到微观，本书涵盖了林业生态建设和园林景观工程的各个方面。通过阅读本书，读者可以全面了解林业生态建设和园林景观工程的发展趋势、建设体系、设计元素和管理方法，为推动相关领域的进步提供有力支持。

本书在写作的过程中得到许多专家学者的指导和帮助，在此表示诚挚的谢意。书中所涉及的内容难免有疏漏与不够严谨之处，希望读者和专家能够积极批评指正，以待进一步修改。

目录

第一章　林业生态工程建设概论

林业生态工程建设是指基于生态学、林学及生态控制论原理，通过设计、建造与调控以木本植物为主体的人工复合生态系统工程技术。其目的在于保护、改善与持续利用自然资源与环境，平衡经济发展与人口增长、工业化与城市化等对环境的压力，增强人类生存能力，维护经济的可持续发展。本章探讨现代林业与生态环境的关系、林业生态工程的理论透视、林业生态工程建设的战略对策。

第一节　现代林业与生态环境的关系

现代林业是指在科技、管理和社会制度等多方面得到全面发展的林业形态。它经历了从传统伐木砍伐到可持续管理的演变过程，包括先进的种植技术、林产品的加工与利用，以及与其他产业的紧密结合。

现代林业在国家经济中占据着重要地位。通过提供木材、纸浆、能源、药品等产品，林业为社会提供了丰富的资源。林业产业链的延伸也带动了相关产业的发展，创造了大量就业机会，促进了农村经济的繁荣。

林业产业链的完整发展，从种植、采伐、加工到销售，形成了一个庞大的就业体系。同时，林业产值的增加也为国家带来了可观的经济效益，对国内生产总值（GDP）的贡献不可忽视。

一、林业对生态环境的积极影响

（一）森林生态系统的功能与服务

“林业是地球上的重要资源之一，在生态环境保护中发挥着重要作用。”① 森林作为地球上最重要的生态系统之一，承担着多项重要的功能与服务，对生态环境具有积极而深远的影响。

首先，森林在水源涵养与水质净化方面发挥着重要的作用。树木通过根系吸收水分，并通过蒸腾作用释放水蒸气，形成云层和降雨。这一过程有助于维持地区水源的稳定性，防止水土流失，减缓洪水的发生。同时，森林的植被层还能过滤和净化水质，保障生态系统中的水资源清洁和可持续利用。

其次，森林扮演着全球碳汇的重要角色。树木通过光合作用吸收二氧化碳，释放氧气，将固定的碳储存在植物体内。这种作用有助于减缓大气中温室气体的积累，减缓全球气候变暖的趋势。因此，森林的存在不仅维护了生态平衡，还对全球气候产生积极的调节效果。

最后，森林也是生物多样性的宝库，为众多物种提供了理想的栖息地。不同类型的树木和植被形成了复杂的生态系统，为各种野生动植物提供了丰富的食物链和栖息地。保护这一多样性有助于维持生态平衡，防止物种的灭绝，维护地球生态系统的稳定性。

（二）林业的环境保护与生态恢复

为了更好地发挥林业对生态环境的积极影响，可持续林业管理实践被广泛采纳。这一管理模式注重对森林资源的科学评估，确保伐木活动不超过森林可再生能力。科学的伐木计划和合理的更新机制有助于维持森林的健康状态，保障其长期的可持续发展。

另外，人工造林是一项有效的生态恢复手段。通过在受损地区进行大规模的人工植树，可以帮助修复受到砍伐、火灾或其他自然灾害影响的生态系统。这不仅有助于恢复土壤的肥沃度和防止水土流失，还为濒临灭绝的植物和动物提供了新的栖息地。人工造林是一种有效的环境保护举措，旨在重建受损的生态平衡，

①吴熹樵.林业生态保护的意义及策略研究[J].造纸装备及材料，2023，52（8）：130-132.

提高森林的整体质量。

现代林业对生态环境的积极影响不可忽视。通过维持水源、吸收碳汇、保护生物多样性等多重功能，森林为地球提供了重要的生态服务。在这一过程中，可持续林业管理和生态恢复措施起到了至关重要的作用，促使林业与生态环境之间实现更加平衡和谐的关系。我们有责任继续推动可持续林业的发展，以确保未来世代继续受益于森林所提供的各种生态系统服务。

二、现代林业的可持续发展

（一）可持续林业管理的原则与实践

可持续林业的实践是为了在满足当前需求的同时，保护和维护森林生态系统，确保其在未来也能够为社会提供所需的资源。以下是可持续林业管理的原则和实践。

首先，科学评估是可持续林业管理的基石。通过使用先进的遥感技术和地理信息系统，我们能够更准确地了解森林的面积、结构和健康状况。这种信息有助于精确评估森林资源，确保伐木活动不超过森林可再生能力，避免对生态系统造成不可逆转的破坏。

其次，可持续林业管理注重合理地伐木与更新。伐木应基于科学评估的基础上，采用可持续的方式进行。这包括避免过度砍伐，选择合适的伐木技术，以及确保伐木后进行适当的更新和植被恢复。这样的做法可以保持森林的健康，确保其不断地提供木材等资源。

最后，生态系统保护与修复是可持续林业管理的关键组成部分。通过划定自然保护区域、建立野生动植物栖息地，以及采用生态学原理进行林地的恢复，可有效地保护和提高森林的整体生态系统健康水平。

（二）环保技术在现代林业中的应用

环保技术在现代林业中的广泛应用是推动可持续发展的关键。以下是环保技术在林业中的具体应用。

先进的植树技术通过使用高科技手段，如空中播种、无人机植树等，可以实现大规模的树木种植，提高造林效率。这种技术不仅减轻了人工造林的负担，还有助于在短时间内迅速建立起新的植被，促进生态系统的恢复。

在木材的加工和利用过程中，环保技术也发挥了积极作用。采用无害化的加工工艺和材料，减少有害废弃物的产生，可以降低林业对环境的负面影响。同时，推动木材的可持续利用，延长其使用寿命，减少对原始森林的过度开发。

绿色能源的广泛应用也是现代林业可持续发展的一部分。林业生产中的能源需求可以通过采用可再生能源，如生物质能、太阳能和风能，来减少对传统能源的依赖。这有助于降低林业对环境的碳足迹，推动林业朝着更加环保和可持续的方向发展。

可持续林业管理和环保技术的应用是现代林业可持续发展的关键。通过科学评估、合理伐木与更新、生态系统保护、先进的植树技术、无害化木材加工以及绿色能源的应用，我们能够实现对林业资源的有效管理，保护生态环境，确保未来世代继续受益于森林的丰富资源。

第二节　林业生态工程的理论透视

一、生态学基本原理

（一）生态位原理

生态位是生态学研究中广泛使用的名称，又称生态龛或小生境，通常是指生物种群所占据的基本生活单位。每一种生物在多维的生态空间中都有其理想的生态位，而每一种环境因素都给生物提供了现实的生态位。这种理想生态位与现实生态位之差，一方面，迫使生物去寻求、占领和竞争良好的生态位；另一方面，也迫使生物不断地适应环境，调节自己的理想生态位，并通过自然选择，实现生物与环境的世代平衡。在现实的生态系统中，由于其是人工或半人工的生态系统，人为的干扰控制使其物种呈单一性，从而产生了较多的空白生态位。

因此，在生态工程设计及技术应用中，如能合理运用生态位原理，把适宜而有经济价值的物种引入系统中，填充空白的生态位而阻止一些有害的杂草、病虫、有害鸟兽的侵袭，就可以形成一个具有多样化的物种及种群稳定的生态系统。充分利用高层次空间生态位，使有限的光、气、热、水、肥资源得到合理利用，最大限度地减少资源的浪费。

（二）限制因子原理

生物的生长发育离不开环境，并适应环境的变化，但生态环境中的生态因子如果超过生物的适应范围，对生物就有一定的限制作用。只有当生物与其居住环境条件高度相适应时，生物才能最大限度地利用环境方面的优越条件，并表现出最大的增产潜力。

第一，最小因子定律。最小因子定律，即植物的生长取决于数量最不足的物质。这一定律说明，某一数量最不足的营养元素，由于不能满足生物生长的需要，也将限制其他处于良好状态的因子发挥效应，生态系统因为人为的作用也会促使限制因子的转化，但无论怎么转化，最小因子仍然是起作用的。

第二，耐性定律。在最小因子定律的基础上，人们发现不仅因为某些因子在量上不足时生物的生长发育会受到限制，某些因子过多也会影响生物的正常生长发育和繁殖。

二、恢复生态学理论

现代生态学突破了原有的传统生态学的界限，在研究层次和尺度上由单一生态系统向区域生态系统转变，在研究对象上再以自然生态系统为主向自然—社会—经济复合生态系统转变，涌现了一批新的研究方向和热点。恢复生态学应运而生并逐渐成为退化生态系统恢复与重建的指导性学科。“林业生态修复工作中，应合理部署各阶段任务与指标，把握自然发展规律，既要注重修复林业生态环境，又要注重保护自然平衡。”[①]

土地退化，指土壤理化性质的变化导致土壤生态系统功能的退化。土地退化的类型主要有侵蚀化退化、沙化退化、石质化退化、土壤贫瘠化退化、污染化退化、工矿等采掘退化。

①胡春琳.林业生态修复的现状与改进措施[J].农村科学实验，2023（2）：128–130.

退化生态系统，指生态系统的结构和功能若在干扰的作用下发生位移，位移的结果打破了原有生态系统的平衡状态，使系统的结构和功能发生变化和障碍，形成破坏性波动或恶性循环。陆地退化生态系统类型包括裸地、森林采伐迹地、弃耕地、沙漠、采矿废弃地、垃圾堆放场等。

生态系统退化的驱动力就是干扰，在干扰的压力下，系统的结构和功能发生改变，结构破坏到一定程度甚至将失去原有的功能。干扰有自然干扰和人为干扰之分，自然干扰是生态系统演化的重要因素，但自然干扰之后如伴随有人为干扰，可能产生不可逆的改变，会加速生态系统的退化。恢复生态学所关注的干扰主要是人为干扰，是研究生态系统退化原因必须考虑的关键因素。退化生态系统恢复的目标：通过退化生态系统恢复，建立合理的内容组成、结构、格局、异质性、功能。

退化生态系统恢复技术体系，具体如下。

第一，强调非生物或环境要素的恢复技术。实现生态系统的地表基底稳定性，为物种的生存和发展提供基础条件。

第二，生物因素的恢复技术。注重增加生态系统种类组成和生物多样性，实现生物群落的恢复，提高生态系统的生产力和自我维持能力。

第三，生态系统的总体规划、设计与组装技术。在主导思想形成的前提下，再考虑生态系统的设计。其设计应尊重自然法则、美学原则和社会经济原则。遵循自然规律的恢复重建才是真正意义上的恢复与重建，退化生态系统的恢复重建应给人以美的享受，增加视觉和美学享受，社会经济技术条件是生态恢复的后盾和支柱，制约着恢复重建的可能性、水平与深度。

三、生态工程学理论

（一）生态工程学的核心原理

1. 整体性原理

（1）整体论和还原论

整体理论是全面理解系统，如生物圈和生态系统整体性质，以及解决威胁区域乃至全球生态失调问题的必要基础。当然，这并不意味着对组成成分性质的研究和了解是多余的，因为对各成分性质及其相互关系的深入了解越多，对系统整体性质就能更为全面。但仅仅对一个生态系统成分的了解是不够的，因为这些研究无法解释系统的整体性质和功能。一个生态系统的成分通过协同进化成为一个统一的不可分割的有机整体。

（2）社会—经济—自然复合生态系统

生态工程研究与处理的对象是作为有机整体的社会—经济—自然复合生态系统。该系统由其中生存的各种生物有机体和非生物的物理、化学成分相互联系、相互作用、相互生存、互为因果地组成的一个网络系统。

2. 协调与平衡原理

（1）协调原理

由于生态系统经过长期演化与发展，在自然界中任何一个稳态的生态系统都在一定时期内具有相对稳定而协调的内部结构和功能。

（2）平衡原理

生态系统在一定时期内，各组分通过相互作用，包括相生相克、转化、补偿、反馈等，使结构与功能达到协调，从而保持相对稳定的状态。这种相对稳定的状态被称为生态平衡。

3. 自生原理

自生原理包括自我组织、自我优化、自我调节、自我再生、自我繁殖和自我设计等一系列机制。自生作用是以生物为主要和最活跃组成部分的生态系统与机械系统的主要区别之一。生态系统的自生作用能维护系统相对稳定的结构、功能和动态的稳定以及可持续发展。

4. 循环再生原理

（1）物质循环和再生原理

生态系统内的小循环和地球上的生物地球化学大循环共同维护了地球上的物质供给。通过物质的迁移、转化和循环，实现了可再生资源的持续利用，确保这些资源取之不尽、用之不竭。

（2）多层次分级利用原理

物质的再生循环和分层多级利用不仅意味着在系统中通过物质和能量的迁移、转化实现物质资源的不断循环，同时也意味着在促进自然界良性循环的前提下，结合采用结构最优的方法，通过物质流、能量流和信息流的互相关联，使得一个生产过程中产生的废物可以作为另一过程的原料得以再利用。通过这种方式，充分发挥物质的生产潜力，达到对资源和能源的最优利用。

（二）生态工程学的生物学原理

第一，生物间互利共生机制原理。在自然界中，没有任何一种生物能够独自生存和繁衍。生物之间的关系可分为抗生与共生两大类。通常用“＋”号表示一种生物对另一种生物有益，“-”号表示一种生物对另一种生物有害，“0”号表示一种生物对另一种生物既无益也无害。

第二，生态位原理。生态位也称为“生态龛”或“小生境”，指的是生态系统中各种生态因子呈现明显变化梯度的部分，这些部分能够被某种生物占据、利用或适应。

第三，食物链与食物网生态学原理。食物链与食物网是生态学中重要的原理。它主要指的是地球上的绿色植物通过叶绿素将太阳能转化为化学能，储存在植物中，因此被称为“生产者”。绿色植物被草食动物食用，然后被肉食动物捕食。这些小动物中，有的以植物为食，有的以其他动物为食，形成食物链关系。后两者分别被称为“消费者”和“分解者”。

第四，物种多样性原理。复杂的生态系统更为稳定，其主要特征之一是生物组成种类繁多而均衡，形成纵横交织的食物网。当一个种群数量发生变化时，其他种群能够及时抑制或弥补，从而保持系统具有强大的自我组织能力。相反，初级阶段的演替或人工生态系统中，生物种类较单一，其稳定性较差。

第五，物种耐性原理。生物的生存、生长和繁殖需要适宜的环境因子。环境因子在数量上的过少或过多都会限制生物的生存、生长和繁殖，导致其消退。每种生物都有一个最大和最小的生态需求范围，这两者之间的幅度决定了生物的耐性程度。

第六，耗散结构原理。耗散结构理论指出，在一个开放系统中，有序性来自非平衡态。当系统处于某种非平衡态时，它能够产生维持有序性的自组织，不断与系统外进行物质和能量的交换。虽然系统不断产生熵，但通过向环境输出熵，使系统保持熵值减少的趋势，从而维持其有效性。

第七，限制因子原理。生物的生存和繁荣需要各种基本物质，当某种基本物质的可利用量小于或接近其临界最小值时，在“稳定状态”下，该基本物质成为限制因子，如水分、温度、二氧化碳、矿质营养等。在不同的物种和生活状态下，限制因子的变化使得生态系统处于“不稳定状态”。

第八，环境因子的综合性原理。自然界中众多环境因子都有各自的作用，每个因子对生物都产生重要影响。这些相互关联和相互作用的因子构成了复杂的环境体系。在生态工程实施中，需要特别注意多个因子对生物的综合影响。

（三）生态工程学的系统工程学原理

第一，结构的有序性原理。一个系统既然被视为有机整体，就必须具备自然或人为划定的明显边界，使得边界内的功能呈现相对独立性。同时，每个系统本身都应由两个或两个以上的组分构成。系统内的组分之间存在复杂的相互作用和依存关系。因此，在生态工程实施中，必须确保环境与生物的发展充分协调，有利于生物选择，从而构建一个和谐而高效的人工系统。

第二，系统的整体性原理。作为一个稳定高效的系统，必然要表现为一个和谐的整体。各组分之间必须存在适当的比例关系和明显的功能分工与协调，只有这样才能确保系统能够完成能量、物质、信息和价值的转换和流通。我们常说的“结构决定功能”正是这个原理的具体体现。因此，在生态工程的设计和建设过程中，一个重要任务就是通过整体结构实现人工生态系统的高效功能。

第三，功能的综合性原理。作为一个完整的系统，总体功能是衡量系统效益的关键。人工建造的生态系统的重要目标是确保整体功能优于组成系统各部分之和。换言之，系统的整体功能应当达到最大化。

四、生态经济学与生态经济管理理论

生态经济学是探讨生态系统和经济系统复合结构、功能以及它们运动规律的学科。这一学科研究生态经济系统的构建、内部矛盾运动和发展规律，融合了生态学和经济学，形成了一门跨社会科学（经济学）与自然科学（生态学）的边缘学科。生态经济学致力于研究再生产过程中经济系统与生态系统之间的物质循环、能量转化和价值增值规律，并将其应用于实际问题。作为一门经济科学，生态经济学关注解决生态经济问题，探讨生态经济系统的运行规律，其目标在于实现经济生态化、生态经济化以及协调发展生态系统和经济系统，以最大化生态经济效益。这些内容正是生态文明建设的核心思想。

（一）生态经济学理论

生态经济系统是由生态系统和经济系统相互交织、相互作用、相互耦合而成的复合系统。该系统提供了生命活动和生产活动所需的物质和能量，并处理经济系统中物质循环和能量流动产生的大量“废弃物”，实现物质和能量在生态经济系统中的循环，从而成为其存在和发展的基础。经济系统的发展在很大程度上受到生态系统的制约，同时也直接或间接地影响生态系统的物质流和能量流。直接的影响包括从生态系统获取物质和能量、调控生态系统的物质和能量流动，以及向生态系统排放生产和生活过程中产生的物质和能量，从而影响生态系统的结构和功能。间接的影响体现在经济系统的调控政策对物质流和能量流的影响，产生了对生态系统的环境效应，包括正效应和负效应。

生态经济系统的结构和功能的维持依赖于来自系统外部的物质和能量，以及在系统运转过程中产生的价值流和信息流。在这个系统中，能量流在生态系统的物质循环、能量流动、价值转移和信息传递过程中发挥了关键作用。太阳能和地球内部的少量太空物质进入地球表层，与地球内部的矿物质和化石燃料发生相互作用，产生了人类社会经济发展所需的物质和能量。在这个过程中，部分物质和能量的消耗产生了大量无效物质和能量，如废弃物和能量的损失，并返回到自然生态系统和农村生态系统。在这个过程中，物质和能量以商品和劳务等形式在农村生态系统和城市生态系统中流动，形成了以能量流为驱动的价值流和信息流。

在理论研究方面，自20世纪60年代美国经济学家肯尼斯·鲍尔丁提出生态经济学概念以来，生态经济学已成为地理学、生态学和经济学等多学科的研究热点，涌现出许多具有深远影响的生态经济专著。这些专著及生态经济学家的活动极大地影响了公众对环境的认识，推动了环保运动的展开，并在制定环境法律政策、推动环境科学研究等方面发挥了积极作用。一些发达国家也开始设计采用含有生态指标的经济发展评价体系。

在中国，生态经济学研究始于20世纪80年代，经历了三个阶段：①创建科学，普及宣传生态经济知识；②科学实验，尤其是生态农业取得深远影响；③生态与经济协调持续发展。生态经济学倡导的生态与经济协调发展原则在20世纪90年代已成为国家和国际的发展方针。相对而言，中国的生态经济学家更注重生态经济理论体系的建立和完善，以及生态经济学理论与方法在实践中的具体应用和深化。研究领域包括生态农业、生态旅游、生态工业、生态城市、生态林业、山区脱贫致富、黄土高原综合治理开发、生态示范区以及生态城市的建立等。其中，生态农业是生态经济学的核心内容。

我国生态经济学理论研究在国外理论基础上开展，学者们通过对生态经济系统结构、功能和调控等方面的深入探索，最终形成了“生态经济系统”理论。在生态经济学的数学模型、资源与环境物品的产权界定、有偿使用，以及市场经济条件下的资源配置与生态环境保护等方面，进行了有益的探索与尝试。实证分析和案例研究成果丰富，如自然资源价值核算、全国生态环境损失的货币计量等。研究方法逐渐多元化，并与生态学、经济学和地理学的方法相互借鉴，取得了许多重要研究成果。同时，生态足迹方法在我国各地区的实证研究、生态系统服务功能的应用研究也取得了长足的进展。

生态经济学的主要理论建树在于明确了生态与经济必须协调发展的原则。生态与经济双重存在，经济为主导，生态为基础。经济系统和生态系统的运行都是客观存在的，尽管地位不同，但后者不可忽视，否则会制约经济发展。人们应尊重生态平衡的客观规律，建立既能维持生态系统正常运行又有利于社会经济发展的积极生态平衡。在现实生活中，经济与社会发展相互依赖，生态经济效益必须广泛涉及经济效益、社会效益和生态效益，并且需要遵循经济、社会、生态三个效益统一的原则。经济开发与生态环境治理综合实施的项目，其经济效益、社会效益和生态效益应同步发挥，以取得最佳效果。可持续发展的实现需要生态经济协调发展的理论指导。

（二）生态经济管理理论

1. 生态经济管理理论的思维

在当代社会发展中，几乎各地都存在尖锐的生态与经济矛盾，这已经严重妨碍了各国社会经济的进展。自20世纪60年代后期以来，各国领导者、专家和学者一直在寻找解决这一矛盾的途径，以推动社会经济朝着协调和持续发展的方向发展。人类社会发展中的生态与经济不协调主要源于在经济发展中存在的错误指导思想和经济行为。因此，解决问题的关键在于实施能够促进生态与经济协调发展的生态经济管理，以实际行动引导和规范人们的经济行为。当前，人类社会经济的发展在人与自然的关系上已经进入了生态与经济协调发展的新时代。21世纪被认为是可持续发展的世纪，建立和实施生态经济管理成为历史发展的必然要求。其建立要求人们改变过去不适应新时代要求的旧思维，建立起新的思维。同时，也要求建立一系列新的基本理论和原则，用于指导生态经济管理的实践。

生态经济管理的建立需要树立三种新的思维，即：①生态与经济双重存在的思维。人类的所有经济活动都发生在由生态系统和经济系统组成的生态经济系统中，其中生态经济系统是载体、生态经济平衡是动力、生态经济效益是目标。一切都具有明显的生态与经济双重性。②协调发展的思维。生态与经济协调是新时代的基本特征。从当前的生态与经济矛盾走向两者协调是经济社会发展的必然趋势，它的建立为人们发展经济提供了一个崭新的指导思想。③持续发展的思维。联合国将可持续发展视为21世纪的指导思想和重要任务。这种新思维的建立将引导21世纪经济发展走向正确的方向。

2. 生态经济管理的指导原则

指导生态经济管理的基本理论和原则如下。

人类与自然的关系受制于理论和原则，同时也在利用自然资源中受到制约。历史上，人类与自然的相互作用经历了模糊、对立、和谐三个阶段。为了确立人与自然的和谐观，需要转变对自然资源的掠夺性利用方式，朝着绿色管理的方向发展。

经济主导与生态基础相互制约的理论和原则在经济发展中至关重要。对自然资源的利用应遵循“在利用中保护，在保护中利用”的原则。

经济有效性与生态安全性协调兼容的理论和原则。发展经济的要求应注重效益的有效性而非简单地追求数量的最大化，同时要以维护生态系统的安全存在和运行为基准。经济有效性和生态安全性相统一的可能性源于对生态安全与经济安全的一致性，以及目前经济效益与长远经济效益的统一性。

经济效益、社会效益、生态效益整体统一的理论和原则体现在局部与全局、目前利益与长远利益的生态经济结合。其核心在于协调现代经济的本质特征，有助于指导实现经济的全面优化。

3. 生态经济管理的基本特点

生态经济管理作为一种新型的现代化管理形式，实现了生态管理和经济管理的有机统一，即实现了生态目标和经济目标的有机统一。其出现和发展符合新时代的要求，标志着传统管理的巨大变革。与数量速度型、经济效益型管理相比，生态经济管理具有以下两个特点。

（1）更加注重效益的整体性

传统管理学和传统经济学倾向于单独依靠经济价值判断标准来评估经济管理工作的优劣。虽然这种做法可能提高产值或促进利润增长，却往往导致生态效益的下降。生态经济管理克服了这一片面性，更强调效益的整体性。这种整体性包括在空间上统一了经济、社会、生态三个效益，并在时间上统一了近期效益和长期效益，全面强调了最佳生态经济效益的实现。

（2）更加强调发展的持续性

传统管理模式追求的是单一的经济目标，即追求经济增长和利润增加。在这种单一目标的推动下，科技的广泛应用在生产中带来了对有限自然资源的不断增大的压力，加剧了人与自然的矛盾，导致了生态环境的恶化和资源的枯竭，对经济社会的持续发展产生负面影响，也给子孙后代带来了不公平。而生态经济管理实现了生态和经济双重的优化，为社会的可持续发展提供了保障。

五、项目管理理论

管理学作为一门科学，最早的创始可追溯至19世纪末20世纪初。其发展历程涵盖了以“经济人”为基本假设的古典管理理论、以“社会人”为基本假设的行为科学理论，以及以“决策人”为基本假设的现代管理理论。不同的管理流派和思想在当时有效地配置了社会资源，推动了社会的不同程度的进步与发展。管理理论与实践的演进可视为一个不断创新的过程，管理成功的根本在于其创新性。一个国家、一个民族、一个企业的兴衰强弱很大程度上取决于其管理水平的高低。尽管良好的管理无法直接创造自然资源和物质财富，但却能有效地利用和配置自然资源，实现其最大潜在价值。

自20世纪50年代以来，随着全球社会经济和科技的迅速发展，各国均致力于提高自身的综合实力，以便在国际竞争中保持竞争优势。在发展的进程中，各国纷纷实施了一系列重大的工程项目，使得项目运行的质量对不同领域和行业的发展至关重要。项目已经成为社会发展和经济建设的基本单元，而项目开发和管理的成败则直接影响着一个国家、一个地区或一个企业的发展速度和整体实力。由于这些大型和特大型项目通常具有技术复杂、规模宏大、工作量繁重、不确定因素多等特点，传统的管理方法已经无法满足对投资项目管理的需求，因此项目管理思想开始崭露头角。

随着项目管理的诞生和发展，对其属性展开了讨论，目前主要有三种观点：①工具说，认为项目管理是解决特定问题的管理工具（方法）；②过程说，认为项目管理是管理的过程之一；③管理分支说，认为项目管理是一种与传统管理（用于一般制造业）和行政管理（用于非营利机构）并列的管理分支（包括服务管理）。

实际上，项目管理已经不再仅仅是一种管理工具、管理过程或管理分支，而是从管理项目的科学方法出发，发展成为一套系统的管理方法体系，并逐步形成独立的学科和行业。项目管理之所以能够作为一个独立的学科，是因为其所需的许多知识、技术、技能和手段是在项目实践中逐步发展的，是项目管理学科所独有或几乎独有的。从事项目管理还需要其他领域知识的支持，这些知识主要分为两类：一类是一般管理知识，如系统科学、行为科学、财务、组织、规划、控制、沟通、激励和领导等；另一类是各种应用领域的知识，如软件开发、工程设计与施工、行政、军事、农业、林业、环境保护等。现代项目管理的应用过程实现了由经验型的传统管理向科学型的现代管理的转变。

项目管理作为一门学科，已经形成了专业的知识体系。项目管理知识体系是项目管理学科的核心，是在各种特殊领域中应用的共同知识，涵盖了一般管理学知识，同时也创造了项目生命周期、关键路径法、工作分解结构等项目管理学科独有的知识。现代项目管理知识体系随着项目管理的发展不断丰富，国际上已经有多个版本的项目管理知识体系标准，如美国、英国、德国、法国、瑞士、澳大利亚、中国等国。

项目管理起源于美国，思想体系在20世纪50年代形成。当时，项目管理主要应用于制造业，注重预测能力和重复性活动，管理的焦点在于制造过程的合理性和标准化。到了20世纪90年代，随着信息时代的来临和高新技术产业的迅速发展，事务的独特性逐渐取代了重复性过程，信息本身也变得动态且不断变化，灵活性成为新秩序的核心。人们发现实行项目管理正是实现灵活性的关键手段。项目管理在运作方式上最大限度地利用内外资源，从根本上改善了管理效率。经过长期探索总结，项目管理理论和技术体系在社会发展中不断进步，逐步形成独立的学科体系和行业。从其产生到形成较完整的学科，再到现代项目管理的新发展，大体经历了五个阶段。

（一）项目管理的产生阶段

项目管理的产生阶段从远古到20世纪30年代。在古代，我们的祖先就开始了项目管理的实践。人类早期的项目可以追溯到数千年以前，如古埃及的金字塔、古罗马的尼姆水道、古代中国的都江堰和万里长城。这些前人的杰作至今仍向人们展示着人类智慧的光辉。但是，直到20世纪初，项目管理还没有形成行之有效的计划和方法，没有科学的管理手段，没有明确的操作技术标准。因此，对项目的管理还只是凭个别人的经验、智慧和直觉，依靠个别人的才能和天赋。

（二）项目管理的初始形成阶段

项目管理的初始形成阶段从20世纪30年代初期到20世纪50年代初期。20世纪40年代，当时的项目管理的重点是计划和协调。20世纪50年代，甘特图[①]已成为计划和控制军事工程与建设项目的重要工具。甘特图直观而有效，便于监督和控制项目的进展状况，时至今日仍是管理项目尤其是建筑项目的常用方法。

（三）项目管理的推广发展阶段

项目管理的推广发展阶段是从20世纪50年代初期到20世纪70年代末期。本阶段的重要特征是20世纪50年代后期美国开发和推广应用了关键路线法（CPM）和计划评审技术（PERT）。20世纪60年代，这类方法应用在“阿波罗”载人登月计划中，取得了巨大成功。此时的项目管理主要应用在国防和建筑业，着重强调对项目执行阶段的管理。网络方法的出现，给管理科学的发展注入了活力，它不仅促进了系统工程的出现，而且充实了运筹学，使网络技术发展成为一门独立的学科，项目管理也因此逐渐发展和完善起来。

①甘特图又称为横道图、条状图。其通过条状图来显示项目、进度和其他时间相关的系统进展的内在关系随着时间进展的情况。

（四）项目管理的成熟与完善阶段

项目管理的成熟和完善阶段可追溯至20世纪70年代至80年代。在这一时期，项目管理迅速传播至世界各国，迅速扩展至多种民用行业。由于项目管理带来的显著效益，人们意识到在项目完成的过程中存在着相当可观的“管理”潜力。这一认识激发了许多从事项目管理的专业人士共同深入探讨其中的奥秘。20世纪60年代开始，国际上逐渐形成了两大项目管理研究体系，即以欧洲为中心的国际项目管理协会（IPMA）和以美国为中心的美国项目管理协会（PMI）。欧洲和美国项目管理学会的出现标志着项目管理已经成为管理科学中的重要组成部分，它们极大地推动了项目管理理论的发展。在这一时期，项目管理的特点是面向市场，迎接竞争。

项目管理不仅关注计划和协调，还更加注重采购、合同、进度、费用、质量、风险等方面，初步形成了项目管理知识体系框架。在理论和方法上，项目管理得到了更为全面深入的探讨。它与其他学科的交叉渗透和相互促进，逐步将最初的计划和控制技术与系统论、组织理论、经济学、管理学、行为科学、心理学、价值工程、计算机技术等结合起来，并吸收了控制论、信息论及其他学科的研究成果，逐渐发展成为一门较为完整的独立学科。

（五）现代项目管理的发展阶段

进入20世纪90年代，项目管理经历了新的发展阶段。为了迎接全球经济一体化的挑战，面对市场的迅猛变化和激烈竞争，项目管理更加注重人的因素、顾客需求以及柔性管理，力求在变革中生存和发展。在这一时期，项目的应用领域进一步扩大，尤其在新兴产业如电讯、软件、信息、金融、医药、保险业甚至政府机关等，如美国白宫行政办公室、美国能源部、世界银行等核心部门都广泛采用项目管理。目前，俄罗斯、波兰、越南以及中亚国家正积极探索经济转型中的项目管理模式。现代项目管理的任务已不再局限于项目执行阶段，而是扩展到项目的全生命周期。

项目管理已成为经济发展的重要构成要素。近年来，国际上的项目管理研究与应用出现了一些值得注意的新动向，主要包括以下内容。

1. 内容范畴不断扩展

研究领域从最初的工程项目管理扩展到其他项目的管理；研究内容从主要关注项目执行阶段的管理扩展到系统地考虑项目的全生命周期管理，包括项目需求论证、前期决策、计划实施，一直到项目结束，并开始关注组织机构对项目的影响。

2. 高新技术和科学研究与试验发展对项目管理的需求不断增大

这赋予了现代项目管理中战略性、风险性、竞争性、规模化、复杂化、高附加值和信息密集等特征。

3. 知识体系不断完善

在需求的推动下，项目管理的理论与方法日趋发展、成熟，成为集多领域知识于一体的综合性交叉学科，包括通用的管理学知识、各类项目所共需的项目管理基础知识，以及各应用领域项目所需的特殊管理知识。

4. 计算机与信息技术支撑平台的快速改善

通过使用国际互联网和企业网等现代通信技术，对项目全过程中产生的信息进行收集、储存、检索、分析和分发，以改善项目生命周期内的决策和信息沟通。各种项目管理软件（如预算软件、进度控制软件、风险分析软件等）也在不断改进。

目前，国际项目管理提出了一些新的概念和方法，如项目全寿命管理、伙伴关系、系统重组、集成管理、项目协作、项目总控等。综上所述，项目管理仍在与时俱进，持续不断地发展。

六、参与式发展理论

参与式发展理论起源于对传统发展模式的反思，是发展理论与实践领域的综合和具体体现。确切来说，“参与式发展”体现了寻求多元化发展道路的积极取向。其中，“参与”反映了一种基层群众被赋权的过程，“参与式发展”则广泛理解为在影响人民生活状况的发展过程或发展计划项目中，发展主体积极、全面参与的一种发展方式。20世纪60年代，参与式发展开始在东南亚和非洲国家萌芽，20世纪70—80年代早期逐步推广和完善，并形成了一系列方法和工具，如农事系统研究（FSR）、快速农村评估（RRA）、参与式农村评估（PRA）、参与式评估与计划（PAP）等。20世纪80年代后期至今，参与式发展理论在中国得到广泛推广。

参与式发展理论与方法应用于森林资源管理形成了参与式林业。参与式林业的核心概念包括：将森林管理主体定位于乡村社区群众，将森林管理视为乡村社区发展的一部分，要求社区群众积极参与森林经营并从中受益；认识到社区和群众在森林管理技术和制度方面具有丰富知识，强调发挥这些知识的潜力，增强他们在森林管理中的主人翁精神；进行社会制度方面的改革，涉及林地林木权属、税费、利益分配等，以促进森林经营与社区群众的利益关系，使其既视林业为工作，也将其利益紧密联系在一起。

参与式林业并非单纯的技术，实质上是一种森林经营的思想。该理念要求政府部门和科技工作者转变观念，将社区和群众视为森林管理的主体，将其视为森林的伙伴和林业发展的劳动力提供者，而非破坏者。要完成从“为乡村及群众管理森林”到“必须和乡村群众共同管理森林”的思维变革。参与式林业既不排斥政府干预，以确保森林能够惠及整个社会，也能够协调森林保护和生产之间的矛盾，处理好公共利益和依赖于森林生存的乡村群众的利益分配。同时，参与式林业也承认科学技术和技术人员在森林管理中的作用，明确定位社区群众、技术人员和政府官员在森林管理中的角色。

中国在20世纪80年代中期引入参与式发展理论，并估计在国内的国际发展项目中，大约有一半的农村发展项目采用了参与式发展的理论和方法。特别是近年来启动的农村发展项目几乎都采用了参与式理论和方法。虽然将参与式林业的思想和方法引入中国已有多年历史，但最初仅在西南地区的少数社区进行。许多学者对这些社区实施参与式林业进行了多方面的研究和实践，包括土地权属、社区群众的行为和性别分析、基层推广系统分析等。参与式林业的理念和方式在20世纪福特基金资助的社会林业项目、中德合作造林项目、FAO资助的林业项目、WWF资助的自然保护区项目，以及世界银行贷款的“贫困地区林业发展项目”和“林业持续发展项目”等林业项目中大量使用。

总之，传统林业生态工程的管理主要由政府来完成，群众只是以按工按劳投入为主，造成群众的积极性不高，群众具有的丰富实践经验没有发挥出来。在参与式发展理论的指导下，政府投资的林业生态工程造林项目在管理过程中，应体现群众在项目选择、规划、实施、监测、评价和管理中的有效参与，而不是形式上的介入，这是确保项目成功的重要条件。应保障群众在项目决策和选择过程中的全项目周期的介入，提高受益者的动力和责任意识，搞好自我组织和能力建设，形成利益分享、责任共担的运行和管理机制。

第三节　林业生态工程建设的战略对策

一、树立林业生态工程发展战略

根据现代林业与生态文明高度密切的关系，以及现代林业在生态文明建设中的主体性、首要性、基础性、关键性和独特性等特征，发展现代林业、建设生态文明应采取相关的政策措施。从国家层面上，确立以生态兴国的发展战略，在发展战略上突出林业及其生态；确立以现代林业为主体的生态文明建设战略，突出现代林业在生态文明建设中的主体性；确立以现代林业为基础的国家生态安全战略，突出现代林业在生态文明建设中的基础性。

在林业层面上，树立以生态文明建设为主要目标的林业发展战略，实现现代林业发展方向的生态化改变；实行以集体林权制度改革为主的林业改革战略，为现代林业发展提供动力和保障；坚持加快四大体系建设的林业行动战略，行动上优先促进现代林业四大体系的完备。

（一）确立国家发展战略

生态文明作为一种历史性的产物，生态文明时期国家发展的最大、最主要、最突出的标志是“生态化”。这表示国家在发展过程中要紧密遵循生态文明的理念、思想、规范和要求，实现社会经济的全面、和谐、可持续发展。生态文明的时代要求国家将发展战略定位在“生态兴国”的战略思想上，而现代林业在生态文明建设中则具有主体性、首要性、基础性、关键性和独特性。

在生态文明时期，国家的发展战略应该以生态兴国为核心，意味着国家在发展经济的同时，必须充分考虑生态环境的保护和可持续利用。现代林业在这一进程中发挥着关键作用，因为它不仅涉及资源的合理开发和利用，还直接关系到生态平衡的维护和改善。由于现代林业具有主体性，国家需要将林业作为战略性产业来推动生态兴国战略的实施。林业的首要性体现在其对生态环境的积极贡献，包括气候调节、水土保持、生物多样性维护等方面。林业的基础性则表现在其对可再生资源的开发和管理，为其他行业提供了必不可少的原材料。此外，林业还在关键性和独特性上发挥作用，通过实施森林保护、植树造林、生态修复等措施，为国家的生态建设提供了重要支持。

（二）确立生态安全战略

生态安全是生态文明建设的基础，安全友好的生态环境是人类社会赖以生存发展的基础。生态安全的本质是人类的生存安全，人类的生存发展总是依托于生态系统持续提供产品和服务的能力。

现代林业是生态建设的主体，是维护生态安全的重要保障。现代林业至少在气候安全、水资源安全、土地安全、粮食安全、物种安全、人居环境安全等方面，对国家生态安全起着至关重要的作用。由于现代林业在生态安全中的基础性主导作用，在生态文明建设中，要建立以现代林业为基础的国家生态安全体系。

（三）确立生态文明建设战略

我国建设山川秀美的自然生态环境，实现经济发展方式和生活方式的转变，必然是一个长期、复杂、艰巨的历史过程，需要从长计议，做好中长期发展规划和战略。

生态文明建设的本质属于生态系统管理的范畴，其核心内容有两大方面：①充分认清和理解林业等要素在生态文明系统中的结构、功能、作用、过程和地位；②将林业等要素的结构、功能和过程，与社会经济目标的可持续性融合在一起，制定适应性的发展规划和战略。

（四）树立现代林业发展战略

建设生态文明对林业建设提出了新要求，也给林业建设带来了新机遇。发展现代林业，要确立以生态文明为主要目标的发展战略。因此说，发展现代林业是林业工作的总任务，建设生态文明是林业工作的总目标。必须把建设生态文明作为现代林业工作的出发点和落脚点，作为全体林业建设者义不容辞的神圣职责，始终不渝地坚持抓好。

（五）实行林业改革与行动战略

发展现代林业，必须正确处理好改革与发展的关系。改革是一场伟大的革命，没有改革就没有国家的繁荣强盛，没有改革就没有林业的兴旺发达。实践证明，只有深化改革，才能激发林业的内在活力，增强林业发展的动力；只有深化改革，才能理顺生产关系，解放发展生产力，建立充满活力的现代林业体制。调整完善政策是现代林业建设的又一重大举措。

二、完善林业生态工程建设机制

（一）林业生态宣传机制

林业生态建设是一个集体性工作，需要区域内众多人员共同参与，加大对林业资源的保护力度，才能加快林业生态建设步伐，这便凸显了宣传机制的重要性。为了保障宣传效果，可以采用社会公众易于接受的方式展开宣传工作，如开展一些主题活动，宣传环境污染现状、保护生态环境的重要性及林业生态建设的重要性等，使社会公众积极参与林业生态建设，促进林业可持续发展。

（二）林业生态建设制度

第一，政府部门应放宽土地使用权限，鼓励当地居民积极利用闲置土地，不断优化林业结构，发展更多的经济林项目。

第二，制定责任追究制度，明确开发者和建设者需要承担的责任及享受的利益。只有明确划分责任，才能既保障开发者的权益，又避免林业生态建设过程中出现违法行为。

第三，建立完善的监督机制，对林业生态建设工作实行全面的监督和管理，既能避免违法乱纪行为的发生，也能实时监督林业生态建设进度。

三、坚实林业生态工程建设保障

（一）加大建设资金的投入

林业生态建设工作的开展和推进离不开资金的支持。林业生态建设是一项公益事业，要想获得足够的建设资金，需要从以下方面着手。

第一，当地政府部门加大财政资金投入力度。为了保障资金的整体投入额，需要针对林业生态建设设置专项基金。

第二，拓宽林业生态建设资金的投入渠道，可以面向社会集资，让群众贡献自己力所能及的力量，促进林业生态建设。

第三，针对建设资金制定完善的管理制度，加强对资金收支的监管，避免资金使用不合理和资金浪费。

随着时代的不断发展，林业生态建设资金投入渠道越来越宽，资金数额也随之增加，完善的资金管理制度能保障各项资金使用的合理性，最大限度地保障各个渠道筹集资金的利用率，进而保障林业建设各项效益的发挥。

（二）提升建设人员综合素质

林业生态建设人员的综合素质能直接反映生态建设项目的质量，要想加快林业生态建设步伐，需要高质量、高素质工作人员的支持。而要想有效提高林业生态建设人员的素质和综合能力，要做好以下工作。

第一，加强宣传林业生态建设的重要性，改变林业生态建设人员的思想认知。通过对林业生态建设人员普及相关法律法规，聘请专家对国家法律与相应的建设制度进行解读，提升林业生态建设人员对此方面法律的认知程度，积极践行国家出台的林业生态建设法律法规。

第二，不断完善人才引进机制，利用优惠政策吸引更多优秀人才，并重视开展培训工作，强化人才培训，提升人才的综合素质。政府出台人才激励机制，鼓励林业相关专业人才参与林业生态建设，为林业生态建设注入新鲜血液。鼓励林区与当地高校农林专业、管理专业、生物专业开展人才对接，通过开展讲座、提供实习机会等方式让高校学子了解林业，通过校企合作吸引更多林业专业人才，使其毕业后愿意进入林区工作，提高高校农林专业学生的就业率和对口率，并且为林业生态建设工作注入新的血液和活力，提高我国林业生态建设队伍的质量，解决人才储备不足的问题。此外，还需要完善内部奖惩制度，通过惩罚制度约束林业生态建设工作人员的行为，保障其严格按照相应施工制度和施工规范开展工作；通过奖励制度能起到较好的激励作用，激发林业生态建设人员的工作热情，提高整体工作效率，保障林业生态建设工作顺利推进。

第三，优化人才结构。在前期的招聘工作中，不仅需要聘请专业的林业管理人才，而且需要引进掌握林业专业知识、林业推广技术等的复合型人才，从而保障林业生态建设工作稳步推进。

（三）制订并实施造林计划

在林业生态建设过程中，林区管理人员可以根据林区的现实情况进行规划管理，科学制订造林计划，保证林区的经济性、生态性和观赏性，推动林区经济和生态可持续发展。林区管理人员要站在全局观的角度，对整个林区进行统筹规划，合理开展造林工作，做好轮种安排，以促进林木健康生长。

在具体规划过程中，要充分考虑林区历年的降水问题，对林区各处的土壤、土质做好检测工作，根据降水和土壤情况，结合林木自身的生长条件规划林区的林木类型和种植布局，扩大植被种植面积，从而避免出现水土流失等问题。这就需要当地政府通过宣传林业生态建设知识，为林业生态建设人员发放相关的知识手册，让建设人员认识到林业生态建设过程中需要重视的各类问题。通过建立当地的林业生态建设平台，在平台中定期发布政府关于林业生态建设的相关政策、建设规划、整体布局等，让林业生态建设人员更为清晰地认知林业建设中对经济作物、观赏性作物的布局，更为合理地搭配种植各种林木。

在计划造林的过程中，林区管理人员或造林设计人员可以从林区的观赏性入手，除了种植部分经济价值较高的林木之外，还可以种植一些具有观赏性的林木，从色彩搭配、生长能力和环境适应性上合理选择观赏性植被，合理规划观赏性植被的种植布局，从而增强林区的可观赏性，发展林区旅游业，带来旅游层面的经济效益。

第二章　林业生态工程管理机制与服务推广

林业生态工程包括对现有不良的天然或人工森林生态系统和复合生态系统的改造，以及调控措施的规划设计。本章研究林业生态工程及其基本理论、林业生态工程管理机制设计、林业科技成果的转化与推广。

第一节　林业生态工程管理机制设计

林业生态工程是系统工程，工程规模巨大而复杂，总工期一般历时5年到70年。当前，在我国经济快速发展的历史进程中，林业生态工程建设不仅影响到我国以生态建设为主的林业发展战略的实现，更是关系国计民生的大事。因此，林业生态工程管理机制设计是否成熟、合理，对于提高工程质量和保证工程目标的实现具有重大的意义。结合管理学、制度经济学和产权理论、项目管理的方式方法的有关内容，尤其在仔细分析企业和政府的产权特征的基础上，借鉴国内外的林业生态工程的管理经验，根据工程发展阶段、目标，以及工程实施区域的经济发展特征等，对我国林业生态工程管理机制进行设计。

一、林业生态工程管理机制设计的内容

根据机制设计理论、机制设计要求对机制体系、机制含义、机制作用方式、机制作用范围、机制作用强度等进行设计、选择与确定。因此，林业生态工

程管理机制的设计，至少包含如下内容。

第一，构建林业生态工程管理的机制体系。由于林业生态工程实施时间长、覆盖范围广、工程投资巨大，而且关系到多方面的利益主体，因此依据林业生态工程管理的实施情景，本书在对多种对管理机制进行选择与甄别的基础上，确定了由多个机制构成的机制体系，这样的机制体系包含若干层次。例如，林业生态工程管理机制的一级管理机制，是政府主导的管理机制和企业主导的管理机制。而在政府主导的管理机制下面，还包括宏观和微观两个二级管理机制。林业生态工程机制体系的确定，不仅包括对系统的机制类别及其亚类的选择与确定，而且包括了对相互排斥的机制的权衡，从而做出抉择，有时是在它们之间确定一个合理的作用范围的比例关系。如政府管理机制和企业管理机制可能是同时存在的，但发生作用的程度与范围不同。

第二，规定林业生态工程管理机制的作用方式。林业生态工程管理机制作用方式，是机制运行达到工程管理目标的路径和方法的集合，是林业生态工程建设目标对管理机制设计中的结构与运行提出的要求。在林业生态工程管理中不同机制的特征、发生条件、运行效率和结果是不同的，因此对管理机制类型及其运行方式的设计和规定，必须和林业生态工程建设的特征、发展、目标等方面相匹配。

第三，设计林业生态工程管理机制的作用强度。林业生态工程管理机制的作用强度是根据管理目标，对机制体系中不同子系统的作用方式方法，在作用程度方面的规定。在林业生态工程管理机制中，提出政府主导管理机制时并没有排斥企业参与林业生态工程管理的可能，只是认为在市场发育尚未成熟的条件下，政府应该在管理中发挥应有的主导性作用。同样在林业生态工程建设后期，市场发育相对成熟的条件下，设计企业主导的管理机制仅仅强调政府应该在其中发挥应有的宏观管理职能。

第四，规定林业生态工程管理机制的作用范围。从林业生态工程管理机制的空间作用范围来看，林业生态工程管理需要根据工程实施区市场发育程度和该工程区工程特点，决定在什么地方，用什么样的组织结构，管理什么样的事务，履行什么管理职能。从机制在时间作用范围来看，管理机制体系中不同机制什么时候应该发挥什么样的作用，也需要做出一定的判断和规定。

二、林业生态工程管理机制设计的目标

管理机制的设计要以工程建设的目标为要求。林业生态工程管理机制设计要依据林业生态工程目标来进行，有两个层次的目标：①战略性目标使林业生态工程成为我国林业跨越式发展战略的物质载体，能使我国林业生态工程集中资金、技术、人才等生产力要素，以工程建设方式迅速提升我国林业生态建设的生产力，以大工程推动我国林业的大发展；②管理事务目标解决林业生态工程管理中的问题，保证林业生态工程管理机制健康运行，使林业生态工程生产的“生态产品”效率最高、效益最大。

为达到这两个目标，就需要了解林业发展相持阶段工程建设的意义、工程建设对推进林业跨越式战略的作用、工程特征、工程实施环境（包括自然环境和社会经济环境）、工程发展历程、工程功能、工程资源系统、工程建设和管理中的问题等方面。因此，林业生态工程管理机制设计，就是要在详细了解上述信息、知识、问题的基础上，既要有利于林业发展战略的实现，也能有效地解决林业生态工程管理的问题，从而使林业生态工程在动态发展中为保障生态安全和促进生态文明做出贡献。这些因素的组合就是林业生态工程管理机制设计的情景环境和前提条件。

三、政府主导的林业生态工程调控管理机制

（一）政府的绿色GDP考评机制

在行为目标导向机制设计方面，孙绍荣等在机制作用方式、设计方式方面，给出了以倾向分析→回报分析→状态分析，并把状态与回报相连接的设计过程。政府作为一种组织，承担了许多宏观经济管理职能。宏观经济学认为，政府的宏观管理职能要解决四大问题：促进经济发展、解决失业、抑制通货膨胀和实现国际收支平衡，其中经济发展是四大问题的核心。因此，政府的行为规则可理解为一个多目标选择问题，即政府在有限的财政资金安排下，把相对有限的资金投向它认为最重要的、最能促进经济发展的事情上去，并按照项目的投资收益和促进经济发展程度安排资金投放。这就存在一个非常明显的问题，即政府目标决策的选择依据是什么，是纯经济的增长、年GDP的增长率，还是以考虑生态环境

因素的“绿色GDP增长率”[①]为政府行为的主要导向，政府的决策依据决定了财政资金的投向。

另外，政府的决策依据又受“考评机制”的直接制约，即评价政府行为的好与坏的标准。有什么样的政府政绩考评制或者官员政绩考评制，基本上就会导致什么样的政府行为。从我国当前的政府考评机制来看，它是一种纯粹的经济增长考评制，衡量经济增长的一个统计指标就是年GDP的增长率。这种纯粹经济增长的考评制具有如下特点。

第一，以年GDP的增长率反映经济增长的方法只反映了一年内一国产品生产的产出情况，而不能科学地反映产品产出所依赖的资源消耗情况。因而这种只计产出不科学考虑资源支出的统计，容易致使一国、一个地区盲目地追求GDP的增长速度，而不考虑为维持甚至提高GDP的增长速度的资源消耗。

第二，促进经济增长不但成为一国、一个地区政府宏观调控的目标，也成为解决其他宏观经济问题的一个重要手段。例如，根据奥肯法则，在一定条件下，一国（或者一个地区）的经济增长和就业之间呈正相关，即一国、一个地区的经济增长可以为该国、该地区创造更多的就业机会。因而在我国显性和隐性失业率居高不下的情况下，政府为解决失业问题不会也不敢放慢经济增长速度。

第三，年GDP的增长率没有考虑到经济增长对社会环境，特别是生态环境造成的影响。许多国家在经济发展中走了一条先发展、后治理的路子，即当前的经济增长不仅以资源消耗为支撑，而且还要以未来治理环境破坏的巨额开支为代价。

第四，年GDP的增长率容易导致短期行为。许多地区为追求经济增长速度，特别是目前的增长速度，不考虑资源消耗和经济增长对环境的影响。从可持续发展观来看，当前的经济增长是以影响代际的经济增长为代价的，是一种短期的行为。

根据激励—约束理论，要修正政府行为，使政府在追求经济增长的同时，考虑资源消耗因素和环境影响因素，就必须在政府考评机制中增加资源消耗评价因子和环境影响因子，从而使投资林业生态工程，关心林业生态建设成果，改善生态环境，成为政府宏观调控的目标之一。这就需要在当前的年GDP的增长率的核

①绿色GDP是从GDP中扣除由于自然资源退化、环境污染、人口数量失控、教育低下、管理不善等因素引起的经济损失成本，该指标实质上代表了国民经济增长的净正效应。

算框架体系内增加资源消耗、环境影响、生态建设等核算因子，以“绿色GDP增长率”考评制为基础，使政府把加强林业生态工程建设作为政府制定工作方案的一个重要事项。

（二）政府和施工单位之间的报账机制

所谓报账制，就是把整个工程建设分解为若干阶段，对每个阶段施工的进度和质量，都要进行严格的监督，经检查验收合格，才予以报账付款。

按照报账制的一般规定，项目建设资金单设专用账户，实行专户管理，专款专用，实行报账制和审计制，确保对工程建设实行财务管理和工程管理相结合。在工程建设过程中，必须确保工程实施有具体的工程款项为基础，对于没有列入工程规划的建设项目原则上不予支付工程款。对于规划区内的工程项目，项目实施单位首先使用自筹资金或由工程管理单位预先从工程款中拨付一定数量的周转金，设立“专用”账户，供工程实施单位组织施工。工程建设可以先从周转金中支付项目发生的合格费用，当完成一定阶段的工作量并自查合格后向出资者申请提款报账。

第二节　林业科技成果的转化与推广

一、林业科技成果的分类

林业科技成果是林业科学技术研究成果的简称，它是指林业科技人员在科研活动中通过观察思考、调查分析和科学实验等创造性活动所取得的符合客观规律，具有认识自然和改造自然，认识社会或改造社会价值的一切新的科学理论，新的技术构思和方案等，通过组织鉴定、专家评审，具有一定创新水平，能够推动林业科学技术进步，产生显著效益的林业科技理论、先进技术、科技产品等科技劳动产物的总称。从广义上讲，林业科技成果包括林业现代科学技术体系各层次研究活动的一切有价值结果。因此，林业科技成果不仅包括林业科学理论研究成果，而且也包括林业应用研究和技术开发的成果，既包括硬科学的成果，也包括软科学的成果。

科技成果是科学与技术的统一体，既含有认识自然的一面，又含有改造自然的一面。科学成果必须具有新的发现和学术价值，技术成果必须具备发明创新和应用价值，这是科技成果的本质内涵。

根据林业科技成果管理和研究的需要，对科技成果必须实行科学的分类。目前，国际上对自然科学（技术）研究活动分为三类，即基础研究、应用研究和发展研究（或称开发研究和实验发展），简称为研究与发展（R&D）活动。我国参照国际上对科学技术研究工作的分类，也基本上分为以上三大类。

（一）基础研究

基础研究，是以发现自然现象、特性和规律及发展科学理论为目标的研究。联合国教科文组织（UNESCO）把基础研究分为两类：一类是纯粹基础研究（或称自由理论研究），是指没有应用目标的纯理论研究，如原子结构的研究；另一类是定向基础研究（或称应用基础研究），是指集中在某一给定的目标上，对某一范围的自然现象、特征和规律，或某一领域的科学理论进行探索研究。例如根据原子结构的原理对核裂变进行研究。基础研究的成果属于科学理论成果，评价这类成果价值的标准主要是其创新程度，学术水平、难度与社会效益。

（二）应用研究

应用研究，是为应用目的创造新的科学知识，也就是说把基础研究的成果应用于创造新技术、新产品、新工艺、新方法等为目标所进行的科学原理研究。这类研究成果有的是科学理论成果，如根据核裂变原理对核能利用进行研究的成果；有的是突破性的重大发明，例如半导体晶体管的发明。评估这类成果价值的标准主要是其创新程度，学术水平、难度，社会效益或经济效益。

（三）发展研究

发展研究，是运用新的科学知识（原理理论）来研究或开发新材料、新设备、新产品、新工艺等的研究。它主要不是探求新知识，而是应用新知识和已知的原理去开发新技术、新工艺、新产品等。这类研究的成果是应用技术成果。评估这类成果价值的标准主要是其创新程度，技术水平、难度，经济效益和社会效益（包括二次经济效益）。

软科学是近年来新兴的一门高度综合性的学科，横跨自然科学和社会科学两大领域。软科学的研究内容有两类：一类是软科学本身的理论性研究；另一类是为各级决策部门服务的应用研究，这类研究成果或是科学理论成果，或是应用技术成果。评估这类成果价值的标准主要是其创新程度，学术水平、难度，社会效益以及社会经济效益（即二次效益）。

二、林业科技成果的转化

（一）林业科技成果转化的要素、条件与影响因素

1. 林业科技成果转化的要素

（1）林业科技成果供给方

具有从事科技成果研究开发能力的人员与机构，或成果转化人员与机构。

（2）林业科技成果

基础性研究成果、应用性研究成果和发展性研究成果，主要是林业应用技术研究成果。林业应用技术研究，主要是将已有的理论和发现应用于特定的应用技术研究，多数林业科技成果都在这一基础上进一步提出了新的理论或看法，改进了技术或工艺，或者培育出了新品种等。

（3）林业科技成果需求方

林业科技成果的应用者，将科技成果应用于林业生产经营活动中，是科技成果经济价值、社会价值或生态价值的最终实现者、受益者。

（4）林业科技成果转化环境

影响成果转化的制度环境（如经济体制、科技体制等）、自然环境（如气候条件、生产条件等）、社会环境（如生产方式、信息传播渠道、文化背景、风俗习惯等）等。

（5）林业科技成果转化手段

进行成果转化的方式、方法，包括所需的器材设备等。

2. 林业科技成果转化的条件

林业科技成果转化是一项复杂的技术工程和社会工程，是个多层次、多要素、多领域的动态系统。林业科技成果能否转化为现实生产力，不仅取决于内部环境和条件等方面的因素（如成果产生系统、成果扩散系统和成果采纳系统），而且也受外部环境和条件等因素（如政策环境、社会经济和自然环境等）的制约。

因此，林业科技成果的转化需要相应的社会、经济、技术的支撑系统，其中包括：国家政策法规、社会观念（科技意识、传统观念）、投资环境、产业技术基础（劳动者素质、生产手段、管理水平）、科技成果状况（科技成果的创新能力、技术储备状况等）、专业服务水平（如中介、示范、咨询、教育培训组织等）以及市场需求（如企业对技术需求和对成果的消化吸收能力等）。加速林业科技成果转化，不仅要提高科技成果的转化率，更重要的是要促进那些对全局有重大影响的成果尽快取得规模效益。成果转化是成果的再创造过程，也是涉及科技、经济与社会等诸多因素的复杂过程，要实现林业科技成果的有效转化必须具备相应的条件。

（1）成果质量

林业科技成果转化推广。衡量成果质量的标准主要是必须在推广地区经过试验证明具有先进性、适用性和安全性。

（2）成果的有效需求

林业科技成果要满足市场需求，如果偏离市场需求，与生产实际需求脱节，成果的转化与推广就无法实现。林农、林业企业是林业科技成果的需求者和最终使用者，科技成果只有被林农、林业企业认识、接纳并采用，才能转化为现实生产力。林业科技成果必须满足林农、林业企业的有效需求，林农、林业企业不需要，就失去了转化的可能性。林业生产者的经济实力、科技文化素质和林业生产经营规模，决定着生产者的有效需求。由于林业比较效益低，采用科技成果的机会成本高，客观上造成林农消极对待技术革新；林农采纳林业科技成果的条件和能力有限，从而降低了对林业科技成果的有效需求。经济落后的地区，林农对林业科技成果的有效需求相对不足。

3. 林业科技成果转化的影响因素

影响林业科技成果转化的因素很多，主要有地理环境因素、经营因素、技术因素、采用者因素、政府政策以及林业家庭社会组织机构等。这些因素既影响林业科技成果传播的速度，又影响林业生产者采用的累计百分比。

（1）地理环境因素

不同地区的土壤、水分、温度、光照、降雨量等都是林业科技成果传播的制约因素。如一个速生优质树种，若没有相应的水肥条件是推广不开的。同样，平原地区由于效能方便、土地平坦、服务机构健全，林业科技成果就会很快传播开来。而在山区，交通不便，林农文化素质低，经济条件差，科技成果推广难度就大，推广速度相对就慢一些。

（2）经营因素

林业生产者的经营条件对林业科技成果的传播影响很大，经营条件比较好的林业生产者具有一定规模的土地面积，有比较齐全的机械设备、资金较雄厚、劳力较充裕、经营林业有多年的经验、文化素质多较高，同社会各方有较好的且广泛的联系，他们对林业科技成果持积极态度，注意科技成果信息，容易接受新的科技成果措施。目前，林业一家一户搞经营，这种小规模的生产方式，对推广林业科技成果不能不说是一种限制因素。所以，要从各方面指导和帮助林业生产者改善经营条件，适度扩大经营规模，促进林业科技成果的尽快转化。

（3）技术因素

林业科技成果的技术性质与科技成果转化关系很密切，立即见效的技术比较简单易学，转化时间短，如施用新化肥、新农药。相反，难度较大或带有危险性的技术，往往需要较多的知识、经验和技能，对林业生产者的科学文化素质要求也较高，不具备相应的条件，林业科技成果也就难以转化。如高产优质综合栽培技术、病虫害综合防治技术等，都要求林业生产者具有相关的基础知识和经验，因而也就难以转化。此外，如果新技术与过去习惯的技术不协调，也会影响林业科技成果的转化，如在一个地区要引入一项先进技术，但先进技术一般都有一定的适用条件和范围，不是所有的先进技术都适用，那么，不适用的技术则很不容易推广。

（4）林业生产者素质

林业生产者素质，包括文化知识、技能、思想、性格、年龄和经历等都在不同程度上对林业科技成果的转化有影响。从林业社会群体看，林农素质又与地区的经济文化发展状况密切相关，不同经济文化状况地区的林农，采用科技成果的独立决策能力有很大差别。经济文化比较发达的平原地区的林农与山区林农相比，独立决策能力要高一倍以上。林农的年龄在很大程度上可以反映其文化程度、求知欲望，对新事物的态度，经历及在家庭中的决策地位。

（5）政策因素

政府对林业及林业大政方针，对林业科技转化都有重大影响。林业开发政策、土地经营使用政策、林业建设政策、对农林产品实行补贴及价格政策、供应生产资料的优惠政策、农林产品加工销售的鼓励政策、林业三定政策、谁种谁有政策等都对林业科技成果的转化产生重大影响，例如，我国在林业实行联产承包责任制政策后，尤其是全面推进集体林权制度改革以来，极大地调动了林农采用科学技术的积极性，采用林业技术的需求迅速增加，通过林业科技致富的热情不断高涨。

（6）家庭及其他社会因素

林业的家庭结构关系，常常会对采用科学技术成果的决策产生一定影响。一般年轻人当家，易接受新科技成果，而老年人当家则较难。家庭经济计划对采用科技成果也有影响，有的着重准备资金扩大再生产，有的把钱用来盖房办婚事。林业供销、信贷、交通运输等部门对技术推广的支持配合，林农之间相互合作，推广人员同各业务部门的关系，与林农的关系，也都影响着林业科技成果的转化。

（二）林业科技成果转化的途径

目前我国林业科技成果的转化主要依靠以下五种途径向林业转化。

第一，林业开发研究。近年来兴起的林业区域综合开发研究是科技成果快而好地转化为生产力的最佳途径。从组织管理上看，它的显著特点是以系统科学观点和做法促进林业科技成果的转化。在开发过程中，把多项“软”“硬”技术综合组装，发挥效益。但是，以开发项目形式进行的林业开发，多数由上级政府筹集资金和组织科技力量投入某一地区，其开发面积与全国性的开发地区相比甚小，国家不可能向所有待开发地区投入资金和人力，主要依靠地方组织人力、物力实施开发，林业开发项目最终目标是起示范和带动作用，在开发中参与成果转化的人员大都是省、地（市）农林水科研单位和大专院校的科研人员，以及各级农、林、水推广机构的科技人员。

第二，林业推广机构。目前我国林业科技成果的转化主要依靠各级政府的林业科技推广机构来完成，通过普及新技术，引进新品种，培训林农，建立示范点等工作使大批科技成果传播到基层林业单位、林业和林农手中。

第三，大众传播。现在电视、广播、电影、报刊、杂志等已成为宣传转化林业科技成果的有效途径。

第四，林业技术市场。林业技术市场具有五大功能，即交易功能、交流功能、推广功能、开拓功能、教育功能。技术市场对促进林业科技和林业经济的结合，加速科技成果转化为现实生存力显示出强盛的生命力，通过技术市场十分有利于林业科技成果在生产领域中的应用。

第五，中试生产基地建设。成果产出单位与成果应用单位紧密结合建立中试生产基地，把试验、示范和推广相结合，进行高产、稳产、低耗、高效为中心内容的配套技术的研究和成果推广，这不仅可以促进林业科技成果转化为生产力，而且也可以带动一批林业企业的技术改造。例如，中央与地方建立的林业科技示范区就是组织科研、教学与生产单位把一些科技成果组装配套综合开发从而进行科技成果转化为生产力的试验研究和推广应用，取得了较大的经济和社会效益。

三、林业科技成果的推广

（一）林业科技成果推广的方式

1. 项目推广

项目推广是政府有计划、有组织地以项目的形式推广林业科技成果，是我国目前林业推广的重要形式。林业科技成果包括国家和各省、市（县）每年审定通过的一批林业科技新成果，林业生产中产生但尚未推广应用的增产新技术，以及从国内外引进、经过试验示范证明经济效益显著的林业新技术。

林业推广项目的实施，是一项复杂的系统工程，一般需要组织和动员教学、科研、推广等方面的科技人员和本级行政领导参加，组成技术指导和行政领导两套领导班子。技术指导小组负责拟定推广方案及技术措施；行政领导小组主要协调解决项目实施过程中的各种问题，做好林用物资供应及科技人员的后勤服务工作。

2. 技术承包

技术承包是各级林技推广、科研、教学单位，利用自身的技术专长和科研优势，充分发挥科技人员的能动性，通过与生产单位或林农在自愿、互惠、互利的基础上签订技术承包合同，运用经济手段和合同形式保证技术应用质量的一种推广方式，是联系经济效益计算报酬的有偿服务方式。其核心是科技人员对技术应用的成败负有经济责任。运用经济手段、合同形式，把科技人员与生产单位或林农的责、权、利紧密结合，是一种经济责任制推广技术的创新方式，有利于激发和调动林业推广主体和受体双方的积极性，增强科技人员的责任心，从而把各项技术推广落到实处，是加快林业科技成果推广的有效途径。技术承包的内容主要是一些专业性强、难度大、林农不易掌握的新技术，或新引进的技术和成果。

3. 技术、物资结合

技术与物资结合是一种行之有效的推广方式，是“林业技术推广机构兴办企业型的经营实体”的产物。随着市场经济的发展，技物结合方式的内涵发生了变化。林业技术推广机构兴办企业型的经营实体已成为历史，这类经营实体在全国范围内保留下来的很少，“立足推广搞经营，搞好经营促推广”已经过时。保留下来的或科研单位兴办的经济实体，也完全按企业机制运作，推广服务的功能逐步弱化甚至消失。但技物结合方式仍是一种很重要的林业科技成果推广方式，正在发挥着巨大的作用。只是它的内涵已由原先的“以推广林业技术为核心，提供配套物资及相关信息服务”变为“以推广林业生产资料为中心，提供配套技术和信息服务”；推广主体也由林业推广技术人员变为林业生产资料经营企业（公司）和个体工商户；经营主旨也由以服务为主变成了以营利为主。要想发挥技物结合的优势，需要林业行政及有关部门加强农资经营市场管理，规范农资经营技术宣传，使先进的技术随着林业生产资料传入千家万户。

4. 企业带动

兴办林业产业化龙头企业，依靠企业带动加速林业科技成果转化与推广。林业产业化是以市场为导向，以经济效益为中心，以主导产业、产品为重点，优化组合各种生产要素，实行区域化布局、专业化生产、规模化建设、系列化加工、社会化服务、企业化管理，形成种养加、产供销、贸工农、农工商、农科教一体化经营体系，使林业走上良性发展轨道的现代化林业经营方式。龙头企业带动是林业产业化的基本类型。

林业产业化的基本思路是确定主导产业，实行区域布局，依靠龙头企业带动，发展规模经营，实行市场牵引龙头、龙头带动基地、基地连农林户的产业化经营。

5. 林业开发

林业开发主要是指运用林业科技新成果、新技术对林业生产的某一个领域进行专项林业技术开发和对某一个地区进行综合林业技术开发，迅速提高该领域的科技含量和该地区的林业科技水平和林业生产能力，从而形成新产业、新产能、新基地。林业科技是林业开发的主要手段，是林业开发的核心。

林业开发主要是按照“两高一优”林业发展的要求，满足广大林农对林业高新技术的需要。林业开发的主体主要是当地政府、林技推广部门、林业科研和教育部门，林业企业、林农经济合作组织、林业专业协会都可以进行林业开发，多采用农贸结合，建立基地，综合服务，推广技术的开发模式。林业开发可有效地促进名、特、优、新、稀农产品的生产。

各地进行的林业开发主要有：①创汇林业开发；②有机林业开发；③生态林业开发；④庭院林业开发；⑤城郊林业开发；⑥区域综合开发；⑦名、特、优、稀林产品开发；⑧林业系列化产业开发等。

国家设立专门机构，投入专项资金进行的林业综合开发取得了显著成效。林业综合开发作为我国财政支林的重要举措，旨在改善林业生产基本条件，优化林业和林业经济结构，提高林业综合生产能力和综合效益，促进林业发展、林农增收，为建设现代林业服务。此举措已经连续实施多年，对促进林业技术水平和生产水平的提高起到了巨大作用。

6. 技术与信息服务

随着信息技术、网络技术、电信技术和林业经济的高速发展，现代媒体传播成为重要的林业技术推广方式之一。利用电视节目传播林业科学技术已经比较普遍，从中央到地方各级电视台基本都设有农林方面的频道或栏目，很受林农和林业技术人员的欢迎。广播电台也设有农林科技节目。有许多县市林业技术推广部门开设了林业服务热线，利用电话进行技术咨询，是一种效率高、速度快、传播远的沟通方式，林农遇到疑难问题，可以直接请教有关专家，及时得到解答。互联网在传播林业科技信息方面，更显得威力无比。越来越多的林业专家系统的建立，其系统性、灵活性、高效性更是培训高科技林农的首选方式。只有对林业信息化做到真重视、真投入、真使用，才能使信息化真正为广大林农提供便捷高效的服务平台、为各级林业部门提供规范透明的管理平台、为各级领导提供科学现代的决策平台。

7. 协会加农林户

林农专业技术协会、研究会是林农自发组织起来的，以林农为主体，以林农技术人员为骨干，聘请专业科技人员作顾问，主动寻求积极采用新技术、新品种，谋求高收益的民间社团组织。林农专业技术协会、研究会能够不断引进、开发新技术，并且快速而有效地传播给广大农林户。在林业科技成果推广活动中，既发挥着引进试验、组装配套、推广应用的作用，又发挥着良好的示范带动作用。林农专业技术协会、研究会的蓬勃发展，对于促进林业科技成果转化推广，推动林业现代化建设，具有极其重要的作用。林农专业技术协会、研究会上靠科研、教学、推广部门，下连千家万户，具有较强的吸收、消化、应用和推广新技术、新成果的能力，已经成为我国林业推广的有效组织形式，成为我国林业推广战线上的一支重要力量。

我国林农专业技术协会、研究会主要有以下三种类型。

（1）技术服务型

召集本会会员研讨林业生产中急需解决的技术问题，发挥本会主要技术骨干的作用，帮助会员和其他人解决技术难题，为会员和其他人提供技术服务。

（2）技术开发型

这类协会主要是科研单位的科技人员，参加或组织大型林业开发项目，加入当地有关人员成立的技术协会或研究会中，进行研究和开发。这种由林业科技人员参加，作为技术开发的技术后盾，紧密结合当地生产实际的开发形式，一般有利于技术创新，能够有效地提高林业科技成果转化推广的效率，并能获得良好的经济效益和社会效益。

（3）经、科、教一体化

这类协会既有物资供应和农产品购销等经济部门的力量参加，又有农机推广、林业科研、林业教育方面的力量参加，既管生产技术和人才培训，又管物资供应和产品销售，为会员和林农提供系列化服务。有的实行资金、技术、劳力协作，生产资料由协会或研究会统一安排。经、科、教结合得越紧密，林业推广的成效就越大。

（二）提高林业科技成果推广效率的途径

1. 推广主体多元化

把各种推广组织有机结合起来，发挥各自优势，公平合理竞争，同时又能互相合作，形成网络。全国已形成较为完善的林业科技的推广网络，以政府各级推广机构为主体，政府与民间推广组织相结合，各类学校、科研机构、企业、民间组织在林业推广工作中发挥的作用越来越大。要对林业科技推广网络进一步优化，重点解决林业科研、教学、推广脱节的问题，加强多元化推广组织之间有效的合作，充分发挥学校、科研机构、企业、民间组织的林业推广作用，形成有效的技术扩散机制。

2. 促进林户采用新技术

林农经济力量薄弱，风险躲避的意识较强，对于林业新技术、新成果的有效需求明显不足。应加大政府投入，开发林业的人力资源，提高林农的整体素质，缩小工林业产品的剪刀差，提高林业的比较效益，增加林农的经济收入，使林农有实力采用新技术，有能力运用新技术，从根本上扭转林业科技成果有效需求不足的局面。

政府林业部门应把提高林农采用林业新技术的能力作为重点，切实加强林农教育和培训工作。进一步搞好林业新型林农培训工作，进一步加强林农职业教育，通过短期培训、科技讲座、自学、函授、“绿色证书”培训等方式，迅速提高成年林农科学文化素质和林业技能水平，从根本上解决林农采用新成果、新技术的能力。

进一步完善林农运用科技新成果的激励和扶助政策，如使用新的科技成果的风险保护政策，使用新的科技成果配套的资金、物资扶持政策，以及使用新的科技成果增产奖励政策等。现在国家及各级政府实行的粮食直补、良种推广补贴、新型农机具推广补贴、农资补贴、土地流转、林业保险、能繁母猪补贴（保险）、扶贫小额贷款等激励和扶助政策，都极大地调动了林农采用新成果、新技术的积极性和运用新成果、新技术的自觉性。

林业科研机构要根据林农的需求，大力开发省工、节本的轻简型林业新技术，重点开发那些投资省、收益快的小型林业新技术，以适应目前农林户经营规模较小的特点。建立并完善与市场经济相适应的林业科技成果评审制度，改善林业科研导向，提高林业科研的针对性、实用性、有效性，保证林业科技新成果、新技术的有效供给，从而激发林农对新成果、新技术的有效需求。

3. 加强林业网络建设

政府林业技术推广机构是林业技术推广的主体，要用创新的管理观念、创新的管理原则和创新的管理方法加强林业技术推广机构功能性建设，加强林业推广政策和制度建设，完善林业技术推广体系，创新林业推广方式。

政府林业部门要进一步完善监督机制、学习机制、激励机制、保障机制，调动推广人员的积极性和责任感。各级人民政府应当采取措施，保障和改善从事林业技术推广工作的专业科技人员的工作条件和生活条件，改善他们的待遇，保持林业技术推广机构和专业科技人员的稳定。

4. 加强信息服务体系建设

“利用电视、报刊、广播等媒介加大对林业科技成果的宣传，让群众了解林业新品种、新技术。宣传形式上实现创新，由原有的静态纸质、照片资料转变为动态影像资料宣传，让群众一目了然。”①

（1）利用互联网进行林技推广和信息服务

林业推广、林业科研、林业教育、林业气象（兴农网）、林业信息、技术市场等网站建设门类齐全，已逐步形成巨大的林业网络系统。县级推广部门应不断建立健全林业技术推广网，通过网络建立推广人员与林业专家和林农的连接。建设计算机网络咨询系统，实现推广人员与林业专家和林农的互动，以加快林业新技术、新成果、新信息的传播。

（2）建立专家音像咨询服务系统

经过多年的发展，林业广播电视和电话网络资源有了很好的基础，许多省、市（地）、县（市、区）实施了“林业电波入户”工程，发挥了广播电视和电话网络覆盖面广、传播速度快的优势，大大提高了林业推广效率，深受林农欢迎。林业推广部门应与林业科研、林业教育部门合作，充分利用已有的广播电视和电话网络资源，建立专家咨询系统，制作高质量、林农易接受、群众喜闻乐见的推广节目，以提高林业推广信息的传播频率，增加信息数量，提高信息质量，为林农提供更快、更好的信息服务。

①蒋金莲，黄旭.浅析林业科技成果转化现状及对策［J］.绿色科技，2015（10）：172.

5. 加强政府的财政支持与宏观管理

对于社会公益性的林业推广服务，必须有稳定的经费保障。确保政府投入的稳定性、连续性和递增性，是法律的规定，也是林业技术推广事业发展的需要，必须落到实处，否则难以保障林业技术推广工作的正常开展。

国家应当制定相应的政策与法律，对各类林业推广组织的活动进行调控，建立公平合理的竞争机制，发挥多元化林业推广主体的整体功能。

第三章　城市及城市以外森林的设计与培育

第一节　城市森林的规划与设计

一、市区内森林的规划与设计

（一）市区森林可利用的土地类型

城市土地在自然土地的基础之上，经过人类长期利用改造形成了特殊的自然和社会经济属性。城市土地利用是通过土地的承载功能来利用土地的社会经济条件。市区内土地类型的这种社会经济属性就更为强烈和集中。一般来说，按照市区内通用的土地类型划分，市区森林可利用的土地类型大致可划分为住宅区、工业区、商业区、行政中心业务区、商住混合区5大类型。

（二）市区森林类型的确定

1. 全国园林绿地分类标准体系下的市区森林类型

市区森林实质上与园林绿地是相重合的，只是城市林业所关注的是以林木为主体的生物群落及其生长的环境，而园林绿地除包括上述内容之外，更为关注绿地中的园林建筑、园林小品、道路系统等。

2. 按照植物的栽植地点划分的市区森林类型

按照栽植地点划分的主要城市市区森林类型有：

（1）行道树木类型：栽植在市区内大小道路两边的树木，也有的栽植在道路的中间，如分车道中的树木草坪类型。

（2）公园绿化树木类型：是指市、区及综合性公园、动物园、植物园、体育公园、儿童公园、纪念性园林中种植的树木类型。

（3）居住区树木类型。居住区绿地是住宅用地的一部分。一般包括居住小区游园、宅旁绿地、居住区公建庭院和居住区道路绿地。

（4）商业区树木类型：是指种植于商业地带（或商业中心区）的树木类型。

（5）单位附属树木类型：单位附属树木类型是指种植于各企事业单位、机关大院内部的树木类型，如工厂、矿区、仓库、公用事业单位、学校、医院等。

（6）街头小片绿地树木类型：是指种植在沿道路、沿江、沿湖、沿城墙绿地和城市交叉路口的小游园内的树木类型。

3. 按照功能类型划分的市区森林类型

按照功能类型划分，市区森林的主要类型有：

（1）以绿化、美化环境为主要功能的行道和居住区绿化带市区森林类型。

（2）以防治污染、降低噪声为主要功能的工矿区市区森林类型。

（3）其他功能类型，包括分布在商业区、政府机构，企事业单位、学校等市区森林类型。

（三）市区森林规划设计的原则

（1）服从城市发展的总体规划要求，市区森林规划设计要服从城市发展的总体规划要求，要与城市其他部分的规划设计综合考虑，全面整体安排。

（2）明确指导思想，在指导思想上要把城市森林的防护功能和环境效益放在综合功能与效应的首位。

（3）要符合城市的特定性质特征，在城市森林建设规划中，首先要明确城市的特定性质特征。

（4）要符合“适地、适树、适区”的要求，具体含义就是城市本身是由工业区、生活区、商业区、休闲娱乐区等功能区域组成的综合体。不同的区域，对市区森林功能和价值的要求是不同的。工业区是城市的主要污染区，因此，树种应选择那些抗污染能力强的树种，如夹竹桃、冬青、女贞、小叶黄杨等。

（5）配置方式力求多样化，市区森林应力求在构图、造型和色彩方面的多样化。从整体而言，力求多样化，这种多样化包括树种选择的多样化、种植方式的多样化。但多样化不等于杂乱无章，在某一具体地段上，配置方式应注意整体性和连续性。

（6）要做到短期效益和长期效益相结合，在市区森林设计中，既要考虑到短期内森林能够发挥其应有的生态、美化效益，选择一些生长迅速的乔灌木树种，又要从长远观点出发有意识地栽植一些生长较慢但后期效益较大的树种，使常绿树种与落叶树种、乔木与灌木及地被植物有机地结合成为一个统一的整体。

（7）城市公共绿地应均匀分布，城市中的街头绿地、小型公园等公共绿地应均匀分布，服务半径合理，使附近居民在较短时间内可步行到达，以满足市民文化休憩的需求。

（8）保持区域文化特色，保持城市所在地区的文化脉络，也就是保持和发展了城市环境的特色。失去文化的传承，将导致场所感和归属感的消亡，并会由此引发多种社会心理疾患。城市环境从本质上说是一种人工建造并在长期的人文文化熏陶下所产生和发展的人文文化环境，而由于地域环境的差异，以集群方式生活的人类所生活的空间必然有其特有的文化内涵，城市环境失去了所在地方的文化传统，也就失去了活力。

（四）市区绿地指标的确定

市区绿地指标一般常指城市市区中平均每个居民所占的城市绿地面积，而且常指的是公园绿地人均面积。市区绿地指标是城市市区绿化水平的基本标志，它反映着一个时期的经济水平、城市环境质量及文化生活水平。

1. 市区绿地指标的主要作用

（1）可以反映城市市区绿地的质量与城市自然生态效果，是评价城市生态环境质量和居民生活福利、文化娱乐水平的一个重要指标。

（2）可以作为城市总体规划各阶段调整用地的依据，是评价规划方案经济性、合理性及科学性的重要基础数据。

（3）可以指导城市市区各类绿地规模的制订工作，如推算城市各级公园及苗圃的合理规模，以及估算城建投资计划等。

（4）可以统一全国的计算口径，为城市规划学科的定量分析、数理统计、电子计算技术应用等更先进、更严密的方法提供可比的依据，并为国家有关技术标准或规范的制定与修改提供基础数据。

2. 确定城市市区绿地指标的主要依据

根据上述城市市区绿地类型的种类和各类型的一般特点，城市市区绿地指标主要包括公园绿地人均占有量、城市市区绿地率、城市绿化覆盖率、人均公共绿地面积、城市森林覆盖率。城市建成区内绿地面积包括：城市中的公园绿地，居住区绿地和附属绿地的总和，城市建成区内绿化覆盖面积包括各类绿地的实际绿化种植覆盖面积（含被绿化种植包围的水面）、屋顶绿化覆盖面积以及零散树木的覆盖面积，乔木树冠下的灌木和草地不重复计算。

由于影响绿地面积的因素是错综复杂的，它与城市各要素之间又是相互联系、相互制约的，不能单从一个方面来观察。

（1）达到城市生态学环境保护要求的最低下限，影响城市园林绿地指标的因素很多，但主要可以归纳为两类。一是自然因素，即保护生态环境及生态平衡方面，如二氧化碳和氧的平衡、城市气流交换及小气候的改善、防尘灭菌、吸收有害气体、防火避灾等。二是对园林绿地指标起主导作用的生态及环境保护因素。

（2）满足观光游览及文化休憩需要，确定城市园林绿地的面积，特别是公共园林绿地的面积（如公园）要与城市规模、性质、用地条件、城市气候条件，绿化状况以及公园在城市的位置与作用等条件有关系。

从发展趋势来看，随着人民生活水平的提高，城市居民节假日到公园等绿地游览休息的越来越多。另外，来往的流动人口，也都要到公园去游览。因此，从游览及文化休息方面考虑，我国提出的城市公共绿地面积近期每人平均3～5 m^2，远期每人平均7～11 m^2的指标，也是不高的。七大城市森林建设指标：综合指标；覆盖率；森林生态网络；森林健康；公共休闲；生态文化；乡村绿化。

（3）城市绿地指标的计算方法。城市市区绿地几项主要指标包括：

①公园绿地人均占有量（平方米/人）＝市区公园绿地面积（公顷）/市区人口（万人）。

②城市市区绿地率（%）＝（城市建成区内绿地面积之和/城市市区的用地面积）×100%（城市建成区内绿地面积包括城市中的公园绿地、居住区绿地和附属绿地的总和）。

③城市绿化覆盖率（%）=（城市建成区内全部绿化种植垂直投影面积/城市市区的用地面积）×100%。

④人均公共绿地面积（平方米/人）=市区公共绿地面积（公顷）/市区人口（万人）。城市森林覆盖率（%）=（城市行政区划的森林面积/土地面积）×100%。

⑤绿化覆盖率是指乔灌木和多年生草本植物测算，但乔木树冠下重叠的灌木和草本植物不再重复计算。覆盖率是城市绿地现状效果的反映，它作为一个城市绿地指标的好处是，不仅如实地反映了绿地的数量，也可了解到绿地生态功能作用的大小，而且可以促进绿地规划者在考虑树种规划时，注意到树种选择与配置，使绿地在一定时间内达到规划的覆盖率指标——根据树种各个时期的标准树冠测算，这对于及时起到绿化的良好效果是有促进作用的。

⑥附属绿地绿化覆盖面积=[一般庭园树平均单株树冠投影面积×单位用地面积平均植树数（株/公顷）×用地面积]+草地面积。

⑦道路交通绿地绿化覆盖面积=[一般行道树平均单株树冠投影面积×单位长度平均植树数（株/千米）×已绿化道路总长度]+草地面积。

⑧苗圃面积=育苗生产面积+非生产面积（辅助生产面积）。

亦即：苗圃面积=[每年计划生产苗木数量（株）×平均育苗年限]×（1+20%）/单位面积产苗量（株/公顷）。

苗圃用地面积可以根据城市绿地面积及每公顷绿地内树木的栽植密度，估算出所需的大致用苗量。然后，根据逐年的用苗计划，用以上公式计算苗圃用地面积。苗圃用地面积的需要量，应会同城市园林管理部门协作制订。

城市绿地规划应统计每平方千米建成区应有多少面积的苗圃用地（即建成区面积与苗圃面积的关系），以便在总体规划阶段进行用地分配。

据我国100多个城市苗圃用地现状分析：苗圃总用地在6.5 hm^2以上，建成区约在50 km^2以上的城市，建成区有苗圃0.5～4 hm^2/km^2，中等水平为2 hm^2/km^2。目前我国城市苗圃用地显著不足，苗木质量及种类都较差，远不能满足城市园林绿地发展要求。按中华人民共和国住房和城乡建设部规定，城市绿化苗圃用地应占城市绿化用地的2%以上。

（五）城市绿线管理规划

城市绿线管理规划是指在城市总体规划的基础上，进一步细化市区内规划绿地范围的界限。主要依据城市绿地系统规划的有关规定，在控制性详细规划阶段，完成绿线划定工作，作为现有绿地和规划绿地建设的直接依据。同时，还应对市区规划的绿地现状、公园绿地、居住区绿地、附属绿地进行核实，并在1/2000的地形图上标注绿地范围的坐标。这样不但强化对城市绿地的规划控制管理，而且将全市绿地全部落实在地面上，并能一目了然。

1. 城市绿线划定办法

（1）主城区现状绿地由市园林局（或绿化局）或主管部门组织划定，会同市规划员核准后，纳入城市绿线系统，其他区县（自治县、市）城市园林绿化现状绿地由区县（自治县，市）城市园林绿化行政主管部门会同区县（自治县）规划行政主管部门组织划定。划定的现状绿地，送市规划局和市园林局（或绿化局）备案。

（2）城市园林绿化行政主管部门应组织各社会单位开展对现状绿地的清理工作，划定现状绿地，各社会单位应积极开展本单位内的详细规划编制工作，划定规划绿地。

（3）规划绿线在各层次城市规划编制过程中划定，并在规划报批程序中会同城市绿地总体规划一起报批。

（4）市政府已批准的分区规划，控制性详细规划和修建性详细规划中，未划定规划绿线的，由市规划局组织划定该规划范围内所涉及的规划绿线，会同市有关部门审核后报市政府审批。

（5）编制城市规划应把规划绿线划定作为规划编制的专项，在成果中应有单独的说明、表格，图纸和文本内容，规划绿线成果应抄送城市园林绿地主管部门。

2. 城市绿线规划内容

（1）公园绿地，综合公园（全市性公园、区域性公园），社区公园（居住区公园、小区游园）、专类公园（儿童公园、动物园、植物园、历史名园、风景名胜公园、游乐公园、其他专类公园）、带状公园、街旁绿地。

（2）居住区绿地。

（3）附属绿地（公共设施绿地、工业绿地、仓储绿地、对外交通绿地、道路绿地、市政设施绿地、特殊绿地）。

（4）其他绿地（对城市生态环境质量，居民休闲、城市景观和生物多样性保护有直接影响的绿地，包括风景名胜区、水源保护区、郊野公园、森林公园、自然保护区、风景林地、城市绿化隔离带、野生动植物园、湿地、水土保持林、垃圾掩埋场恢复绿地、污水处理绿地系统等）。

3. 城市绿线规定执行

（1）划定的城市绿线应向社会公布，接受社会监督。核准后的现状绿线，由城市园林与林业绿化行政主管部门组织公布。规划绿线同批准的城市总体规划一并公布。

（2）市政府批准的绿地保护禁建区（近期、中期）和批准的古树名木保护范围，转为城市绿线控制的范围。

（3）城市园林与林业绿化行政主管部门会同城市规划行政主管部门建立绿线管理系统，强化对城市绿线的管理。

（六）市区森林树种规划选择技术

在城市森林的建设中，在科学、合理的城市森林规划、布局的基础上，如何充分发挥各种森林植物在改善生态环境方面的功能效益是衡量城市森林建设成功与否的关键。这其中包括城市森林植物的选择、植物的空间配置模式的建立、城市森林的经营管理等，而城市森林树种选择与应用是建立科学合理的森林植物群落和森林生态系统的基础和前提条件，特别是对于市区这一空间环境有限、植物生长受到多种因子制约的特殊地域环境而言，选择适宜的树种，然后进行科学合理的配置，是建设可持续发展的城市森林生态系统的基础。

1. 树种选择的原则

（1）适地适树。优先选择生态习性适宜城市生态环境并且抗逆性强的树种。城市环境是完全不同于自然生态系统的高度人工化的特殊生态系统，在城市中，光、热、水、土、气等环境因子均与自然环境存在极其显著的差异，因此，对于城市人工立地条件的适应性考虑是城市森林建设植物选择的首要条件。

（2）优先选用乡土树种。要注意选用乡土树种，因为乡土树种对当地土壤、气候适应性强，而且苗木来源多，并体现了地方特色。同时要适当引进外来树种，以满足不同空间、不同立地条件的城市森林建设的需要，实现地带性景观特色与现代都市特色的和谐统一。

（3）生态功能优先。在确保适地适树的前提下，以优化各项生态功能为首要目标，尤其是主导功能。城市森林建设是以改善城市环境为主要目的、满足城市居民身心健康需要为最终考核目标的，因此，城市森林建设的树种选择与应用的根本技术依据是最大效应地发挥城市森林的生态功能。

（4）景观价值方法。实现树种观赏特性多样化，充分考虑城市总体规划目标，扩大适宜观花、观形、遮阴树种的应用范围，为完善城市森林的观赏游憩价值，最终为建成森林城市（或生态园林城市）奠定坚实基础。

（5）生物多样性原理。丰富物种（或品种）资源，提高物种多样性和基因多样性。丰富物种生态型和植物生活型，乔、灌、藤、草本植物综合利用，比例合理。城市森林建设是由乔、灌、草、藤和地被植物混交构成的，在植物配置上应十分重视形态与空间的组合，使不同的植物形态、色调组织搭配疏密有致、高低错落，使层次和空间富有变化，从而强调季相变化效果。通过和谐、变化、统一等原则有机结合体现出植物群落的整体美，并发挥较高的生态效益。

（6）速生树种与慢生树种相结合。速生树种生长迅速、见效快，对城市快速绿化具有重要意义，但速生树种的寿命通常比较短，容易衰老，对城市绿化的长效性带来不利的影响。慢生树种虽然生长缓慢，但寿命一般较长，叶面积较大，覆盖率较高，景观效果较好，能很好地体现城市绿化的长效性。在进行树种选择时，要有机地结合两者，取长补短，并逐步增加长寿树种、珍贵树种的比例。

2. 树种选择的方法

城市森林树种的选择方法，可归纳为两大类，即一般选择方法和数学分析方法。

（1）一般选择方法

①资料分析法。根据该地立地条件和所确定的植被种类，查阅有关资料和文献，把那些能适应该城市环境条件的树种记录下来，并按适应性强弱、功能大小、价值高低以及种苗、技术、成本等方面进行分析比较，逐级筛选后得出所需要的树种。

②调查法。该法根据调查对象的不同又可分为以下两种方法。

对城区及周缘地区天然植被状况进行调查，调查的内容有树种、生活型、生长发育状况、生境特征、密度及盖度等。对那些有可能成为选择对象的树种，要着重调查它与环境之间的相互关系，找出适应范围和最适生境。

城区及周缘地区人工植被调查，了解和掌握该城市曾经使用过的树种、种苗来源、培育方法、各植物种的成活情况、保存情况、生长发育情况、更新情况等，通过调查、分析和研究，明确哪些树种应该肯定、哪些树种应该否定、哪些暂时还不能做结论，然后决定取舍。

③定位试验法。对一些外来或某方面的特性或功能需要进一步认识的树种，可通过定位试验法加以解决。定位试验要求目的明确，试验地具有代表性，有一定面积和数量，有详细的观测内容和确切的观测时间，在树种选择中，定位试验是通过对供试树种的连续的、不间断的观测、记载，以掌握试验的全过程。定位试验所要解决的不仅是这些树种能否适应、是否有效，而更重要的是要解决这些树种为什么能适应（或不能适应）、为什么有效（或无效）的问题，是探索引种外来树种生长及适应性的规律和本质的问题。定位试验法是树种选择以及整个城市森林植被建设工作中最有效的研究方法之一。

（2）数学分析方法

数学分析方法是把系统分析与数理统计、运筹学、关联分析等结合起来，以计算机为工具，使树种选择等问题数学化、模型化、定量化和优化。这种科学方法，在城市森林培育工作中已受到普遍的重视。目前应用较多的是单目标树种的优化选择法和多目标树种的灰关联优化选择法。

①单目标树种的优化选择。单目标树种的优化，也就是根据有代表性的指标来选择最佳树种，其所采用的数学方法因指标性质而不同。

②多目标树种的灰关联优化选择。由于不同绿地的功能作用不同，因此，绿地树种选择就应该按照绿地类型的功能进行有针对性的选择。同时，由于各个树种的成活、生长、适应性、景美度、人体感觉舒适度、防风固沙性能、防污减噪和抗逆生理特性的差异非常巨大，因此，利用任何一项单因素单一指标进行评价都是不全面的。

3. 城市古树名木保护规划

（1）古树名木保护规划的意义

古树名木是一个国家或地区悠久历史文化的象征，是一笔文化遗产，具有重要的人文与科学价值。古树名木不但对研究本地区的历史文化、环境变迁、植物种类分布等非常重要，而且是一种独特的、不可替代的风景资源。因此，保护好古树名木，对于城市的历史、文化、科学研究和发展旅游事业都有重要的意义。

（2）古树名木保护规划的内容

①制定法规：通过充分的调查研究，以制定地方法规的形式对古树名木的所属权、保护方法、管理单位、经费来源等做出相应规定，明确古树名木管理的部门及其职责，明确古树名木保护的经费来源及基本保证金额，制定可操作性强的奖励与处罚条款，制定科学、合理的技术管理规程规范。

②宣传教育：通过政府文件和媒体、计算机、网络，加大对城市古树名木保护的宣传教育力度，利用各种手段提高全社会的保护意识。

③科学研究：包括古树名木的种群生态研究、生理与生态环境适应性研究、树龄鉴定、综合复壮技术研究、病虫害防治技术研究等方面的项目。

④养护管理：要在科学研究的基础上，总结经验，制定出全市古树名木养护管理工作的技术规范，使相关工作逐渐走上规范化、科学化的轨道。

4. 市区森林规划设计的程序与方法

城市森林规划设计必须建立在对城市自然环境条件和社会经济条件调查的基础之上，而设计的成果，又是城市森林施工的依据。在设计中既要善于利用以往的成功与失败的经验与教训，同时还要考虑经济上的可行性和技术上的合理性。市区自然、社会经济状况是市区森林设计与规划的主要依据，其主要内容包括以下几点。

（1）市区自然环境条件调查：①土壤调查；②市区小气候状况调查；③地形地貌调查。

（2）市区社会经济状况调查：①城市不同功能区域的分布位置、大小和状态；②不同功能区的土地利用状况；③各个区域内营造城市森林的可行性与合理性调查。

（3）市区现有林木和其他植被数量与生长状况的调查包括市区范围所有植物种类的调查，它可以细分为：①行道树木种类，数量、生长状况及配置状况的调查；②公园树木种类，数量、生长状况和配制状况的调查；③本地抗污染（烟、尘、有害气体）的树木种类、数量、生长及配置状况的调查；④其他植被类型生长状况的调查，包括地植被花草、绿篱树种等；⑤林木病虫害调查，包括历史上和现存的主要危害城市森林的病虫害种类、危害方式、危害程度及防治措施的调查。

（4）技术设计：在测量和调查工作完成以后，要对所有调查材料进行分析研究，最后编制出市区森林设计方案。在具体的设计开始之前，首先要进行资料的整理、统计和分析，并尽可能地测算出各种土地类型的面积、分布状况，并用表格的形式汇总在一起，最后勾绘出各个区域的分布图。

5. 城市森林规划文件编制及审批

（1）规划文件编制要求

城市绿地系统规划的文件编制工作，包括绘制规划方案图、编写规划文本和说明书，经专家论证修改后定案，汇编成册，报送市政府有关部门审批。规划的成果文件一般应包括规划文本、规划图件、规划说明书和规划附件4个部分。其中，经依法批准的规划文本与规划图件具有同等法律效力。

（2）规划文本

阐述规划成果的主要内容，应按法规条文格式编写，行文力求简洁准确，经市政府有关部门讨论审批，具有法律效应。

（3）规划图件

①城市区位关系图。

②城市概况与资源条件分析图。

③城市区位与自然条件综合评价图（比例尺为1：10 000 ～ 1：50 000）。

④城市绿地分布现状分析图（1：5000 ~ 1：25 000）。

⑤市域绿地系统结构分析图（1：5000 ~ 1：25 000）。

⑥城市绿地系统规划布局总图（1：5000 ～1：25 000）。

⑦城市绿地系统分类规划图（1：2000 ~ 1：10 000）。

⑧近期绿地建设规划图（1：5000 ~ 1：10 000）。

⑨其他需要表达的规划图（如城市绿线管理规划图、城市重点地区绿地建设规划方案等）。城市绿地系统规划图件的比例尺应与城市总体规划相应图件基本一致并标明城市绿地分类现状图和规划布局图，大城市和特大城市可分区表达。

（4）规划说明书

城市概况（城市性质，区位，历史情况等有关资料）绿地现状（包括各类绿地面积、人均占有量、绿地分布、质量及植被状况等）。

绿地系统的规划原则、布局结构、规划指标、人均定额、各类绿地规划要点等。

绿地系统分期建设规划、总投资估算和投资解决途径，分析绿地系统的环境与经济。

城市绿化应用植物规划、古树名木保护规划，绿化育苗规划和绿地建设管理措施。

（5）规划附件

规划附件包括相关的基础资料调查报告，如城市市域范围内生物多样性调查、专题（如河流、湖泊、水系，水土保持等）规划研究报告、分区绿地规划纲要，城市绿线规划管理控制导则、重点绿地建设项目概念性规划方案意向等示意图。

6. 规划成果审批

城市绿地系统规划成果文件的技术评审，一般须考虑以下原则。

（1）城市绿地空间布局与城市发展战略相协调，与城市生态、环保相结合。

（2）城市绿地规划指标体系合理，绿地建设项目恰当，绿地规划布局科学，绿地养护管理方便。

（3）在城市功能分区与建设用地总体布局中，要贯彻“生态优先”的规划思想，把维护居民身心健康和区域自然生态环境质量作为绿地系统的主要功能。

（4）注意绿化建设的经济与高效，力求以较少的资金投入和利用有限的土地资源改善城市生态环境。

（5）强调在保护和发展地方生物资源的前提下，开辟绿色廊道，保护城市生物多样性。

（6）依法规划与方法创新相结合，规划观念与措施要与时俱进，符合时代发展要求。

（7）弘扬地方历史文化特色，促进城市在自然与文化发展中形成个性和风貌。

（8）城乡结合，远近期结合，充分利用生态绿地系统的循环，再生功能，构建平衡的城市生态系统，实现城市环境可持续发展。

城市绿线管理规划的审批程序如下。

（1）建制市（市域与中心城区）的城市绿地系统规划，由该市城市总体规划审批主管部门（通常为上一级人民政府的建设行政主管部门）参与技术评审与备案，报城市人民政府审批。

（2）建制镇的城市绿地系统规划，由上一级人民政府城市绿化行政主管部门参与技术评审并备案，报县级人民政府审批。

（3）大城市或特大城市所辖行政区的绿地系统规划，经同级人民政府审查同意后，报上一级城市绿化行政主管部门会同城市规划行政主管部门审批。

（七）市区森林规划设计中必须注意到的几个问题

1. 市区森林规划设计中的树种组成控制

（1）进行树种组成控制的必要性

树种组成是指构成城市森林树种的成分及其所占比例。

在全球范围内还没有一个城镇的市区森林是由单一树种组成的，都是由两个以上树种形成的多树种的集合体。但是对市区范围内一条街道、一片小型街头绿地，就有可能形成单一树种或某一树种所占比例达90%以上的绝对优势状况。

树种组成控制就是人为地对市区森林树种进行调控和配置，使其从结构和功能上达到设计要求，并能充分发挥其整体效益的一种种植手段。

从理论上讲，树种组成越单一，造林就越简便，可操作性就越强，成本也就越低，同时将来的抚育管理也比较方便。但是近年来，由于树种组成过于单一，使得各种林木病虫害暴发流行，因而使得城市森林树种组成控制成为人们关注的焦点。

（2）树种控制的途径和方法

①国内市区森林树种组成控制方法：

通过树种规划和选择来控制树种的组成。

通过城市森林树种配置来控制树种组成。

通过市政林业机构的法规和条例来控制树种组成。

②国外市区森林树种组成控制方法：

直接控制法有两种类型，一是对市区所有公园和其他公共区域内的城市森林的营造完全由市政林业部门来完成。这种方式完全按照林业造林设计和规划来营造和配置树种。由于在设计和规划时，已经充分注意到树种组成对将来市区森林功能的影响，因而这种控制作用是非常有效的。二是直接与私人企业或造林承包商签订合同，市政府机构控制造林作业，种什么树，怎样配置，实际上完全通过合同的形式固定下来，不得违反合同。在美国的许多大城市中都是这样做的。

间接控制法，在国外，私人有购买、使用和占有土地的权利。这种私有土地的树种栽植就要受到某些影响的制约。特别是在私人住宅的庭院和行道树的栽植方面一般是由土地所有者首先进行选择，并且法律也规定这些地区造林是土地所有者的一个必须承担的责任。在这些地区城市森林树种组成的控制一般是通过间接的方法来完成的。

其他的控制手段还包括依据法令禁止某些特定树种的种植来对私有土地森林组成加以限定。这种法令的制定是因为有些树种具有一些令人不愉快的特性。比如，杨树每年结果时形成令人讨厌的“棉絮”状种子；野生草果的果实腐烂对卫生状况的影响，等等。有时也可以通过大量提倡某些树种的栽植来间接地影响树种组成。比如通过确定市树、市花等方式有意识地增加某一种或某些树种的栽培等。

2. 市区森林设计规划中设计要素的运用

城市森林具有多种效益，如控制污染及减低噪声，也具有建筑上的效应，如柔美建筑物的僵硬线条、当作屏风遮挡不雅的景物等。在改善小气候方面，城市森林可以造成阴影及控制风速。因此，在建造城市森林时除了考虑生态原则以外，还应考虑美学与艺术的原则，在城市森林设计与规划时要考虑连续性、重复性、韵律、统一、协调、规模等设计上的问题。因此，树木的形态、大小、质地和颜色等要素都与城市森林的设计有关。

（1）形态（树形）

所有树木在正常生长状态下均有其一定的形态。城市森林设计人员应特别重视树木成熟后的树形、树的轮廓，枝与幼枝的构造及生长习性等。

（2）大小

所有的树木，在正常情况下生长都能生长到其可能生长的最大体积和高度。树木的大小也是城市森林设计上一项重要因子。因为在设计城市森林时，若不考虑树木的大小，结果树木生长往往会破坏人行道、妨碍视线、造成交通的障碍，也会造成树木的体积大小与周围环境不相匹配情况。

树木体积大小是一个非常容易被错误使用的要素。因为非专业人员选择树种时，经常是从其个人喜好或者从尽量降低管理工作量的角度出发，因而有时就非常盲目。一般地，林木大小至少要求其枝下高度高于行人的平均高度，同时能够对人行道和机动车道起到隔离作用为宜。

（3）质地

质地主要是指视觉上的质地。对于质地可用粗糙、中等和精致来判断。树木视觉质地由叶、枝条和树皮质地三部分来决定。在考虑一组树木的质地时，质地的改变可以增加观赏性。因此，只有在要表示强烈或优势时才可以采用这种突然改变不同树种质地的方法。

（4）色彩

色彩是第四个要素。在不同色彩的树种配合上应求和谐。从色彩配合上看，首先应考虑色彩的整体性，同时色彩的渐变作用也应充分考虑。林木的色调差异是随着树种和品种的改变而变化的。对于同一树种来讲，树木的健康状况和土壤养分条件，水分条件的变化及叶子的发育阶段等因子对色彩的影响也较大。

在正常的情况下，所有的自然绿色都能与其他色调糅合在一起。当黄绿叶多时，基本色调就是黄绿色。一般蓝色、紫色、红色等在园林风景中不能构成基调颜色。但是在特定的场合下，如需要集中注意力或者某种危险的区域，色彩间的强烈反差，尤其是在事故多发地段或急转弯地区作用就很明显。

（5）四大设计要素的综合作用

利用树木的形态、大小，质地和色彩四大要素可以在城市森林的营造过程中，创造出艺术价值较高又具有多种功能的空间立体结构。但是在城市森林设计与规划过程中，很少有人能够同时考虑到四个因素，而这四大要素确实需要在规划设计中予以综合考虑。比如，为了设计能够具有连续性和整体性，一个要素的不断重复是必需的，如色彩与形态，当色彩重复时，形态就应变化不要太大，通常至少要考虑到大小与形态的一致性。

二、郊区森林的规划设计

（一）郊区森林的造林规划

郊区森林的造林规划是在相应的或者上一级的林业区划指导下，依据各个城市郊区具体的自然条件和社会经济条件，对今后一段时间内的造林工作进行宏观的整体安排，规划的主要内容包括各郊区的发展方向、林种比例、生产布局、发展规模、完成的进度、主要技术措施保障、投资和效益估算等。制定造林规划的目的在于，为各级绿化部门对一个城市郊区（单位、项目）的造林工作进行发展决策和全面安排提供科学依据，同时也为制订造林计划和指导造林施工提供依据。

1. 郊区森林造林规划的理论基础

造林规划是一项综合性的工作，需要多学科的科技知识。首先，在造林地区的测量、调绘，使用航空相片、卫星相片、地形图等现有图面资料，提供各种设计用图等工作中需要的测量学、航测和遥感方面的知识。

“适地适树”是森林营造的基本准则，为做到造林的适地适树，必须客观而全面地分析造林地的立地条件和树种的特性。造林地立地条件的分析，需要调查气候、土壤、植被及水文地质等情况，特别需要掌握气象学、土壤学、地质学、植物学、水文学等方面的知识。树种生物学、生态学特性的分析，需要具备植物学、树木学、生态学、植物生理学等方面的专业知识。

为了进行设计分析、编制计划和数据处理，需要有关的数学知识，如运筹学、数理统计、计算数学和计算机等方面的知识。

同时，造林又是一项社会性很强的工作。从本质上看，造林规划设计是一个社会—经济—资源—环境一体的复杂体系，它们之间的协调与否，关系到造林规划的实施效果乃至成败，因此，必须全面分析造林地区的社会经济条件，并与其他行业协调发展，这就需要具备土地学、经济学、社会学以及农、牧、副、渔业等的相关知识。

从造林规划的本身来看，在上述有关学科的知识里，主要的理论依据是与造林直接相关的林学知识，如森林培育学、森林生态学、森林保护学、森林经营管理学，园林绿地规划理论、人居环境可持续发展理论等，以便通过树种生物学生态学特性和造林地立地条件的深入分析，并在生态学、经济学和美学原则的共同指导下，规划设计出技术上科学合理，经济上可行的林种、树种、造林密度、树种混交、造林方法和抚育管理等技术措施。

2. 郊区森林造林规划的步骤与范围

郊区森林造林规划的具体步骤可分为三个阶段。第一阶段，查清规划设计区域内的土地资源和森林资源，森林生长的自然条件和发展郊区林业的社会经济状况。第二阶段，分析规划设计郊区影响森林生长和发展郊区林业的自然环境和社会经济条件，根据国民经济建设和人民生活的需求，提出造林规划方案，并计算投资、劳力和效益。最后一个阶段，根据实际需要，对造林工程的有关附属项目（如排灌工程、防火设施、道路、通信设备等）进行规划设计。

郊区森林造林规划的内容以造林和现有林经营有关的林业项目为主，包括土地利用规划，林种、树种规划，现有林经营规划，必要时可包括与造林有关的其他专项规划，如林场场址、苗圃、道路、组织机构，科学研究、教育等规划。

造林规划的范围可大可小，从全国、省、地区到县（林业局）、乡村（林场）、单位或项目等，对郊区造林规划而言，其造林规划的范围就在规划城市所属的郊区范围。造林规划有时间的限定和安排，但技术措施不落实到地块。

（二）郊区森林造林调查设计

造林调查设计是在造林规划的原则指导下和宏观控制下，对一个较小的地域进行与造林有关的各项因子，特别是对宜林地资源的详细调查，并进行具体的造林设计。造林技术措施要落实到山头地块。造林调查设计还要对调查设计项目所需的种苗、劳力及物资需求、投资数量和效益做出更为精确的测算。它是林业基层单位制订生产计划、申请项目经费及指导造林施工的基本依据。

造林调查设计的任务，通常由林业主管部门根据已经审定的造林项目文件或上级的计划安排，以设计任务书的方式下达。此项工作通常由专业调查设计队伍组织，由专业调查设计人员与基层生产单位的技术人员结合来完成。全部工作可分为准备工作、外业工作和内业工作各阶段进行，其主要工作程序和内容如下。

1. 准备工作

造林调查设计准备工作的主要内容包括以下5个方面：

（1）建立专门组织，确定领导机构、技术人员，进行技术培训等。

（2）明确任务，制定技术标准，研究上级部门下达的设计任务书，广泛征求设计执行单位和有关部门及群众的意见和建议，明确造林调查设计的地点、范围、方针和期限等要求。规定或制定地类，林种、坡度划分，森林覆盖率计算等项技术的调查标准。

（3）进行完成设计任务的可行性论证，验证原立项文件和设计任务书中规定内容的现实可行性，必要时可进行典型调查。论证结论与原立项文件或设计任务书有原则冲突时，须报主管部门审批，得到认可后，制定该调查设计的实施细则。

（4）收集资料，收集与设计郊区造林有关的图面资料（地形图、卫星遥感相片、航空摄影相片等）、书面资料（土地利用规划、林业区划，农林牧业发展区划，造林技术经验等相关资料；气象、地貌、水文、植被等自然条件；人口、劳力、交通、耕地、粮食产量、工农业产值等社会经济条件；各种技术经济定额等）。

（5）物资准备，包括仪器设备、调查用图、表格、生活用品等方面的准备。如果需要使用计算机进行数据采集或处理时，还要做好计算机软件的收集、编写及调试工作。准备工作是极其细致、繁杂和琐碎的，关系到调查设计任务完成的进度乃至质量，因此，必须认真对待。

2. 外业工作

在搜集和利用现有资料的基础上，开展外业调查工作。外业调查工作是造林调查设计的中心工作，主要有以下内容。

（1）补充测绘工作，造林调查设计使用的地形图比例尺以1：10 000为好，至少也要使用1：25 000的地形图，配以类似比例尺的航片。如所需上述图面资料不足，不能满足外业调查的需要，或者因为原有的图面资料因成图时间或航摄时间较早，不能反映目前地形地物的实际情况，则需要组织必要的补充测绘或航摄工作。由于此项工作量大而花费昂贵，因此，是否需要进行以及如何进行，应采取十分慎重的态度。

（2）外业调查分为初步调查和详细调查。初步调查是在外业调查初期对造林地立地条件和其他有关的专业调查，其目的在于掌握调查区的自然环境特征，编制立地类型表、造林类型表，拟定设计原则方案，并为详细调查和外业设计提供依据。

设计原则方案要提出调查设计各项工作的深度、精度和达到的技术经济指标。原则方案确定后，由主管部门主持召集承担设计、生产建设单位以及有关人员进行审查修改，并经主管部门批准执行。

设计原则方案经批准后，即开始详细调查。初步调查和详细调查的各项调查内容基本一致，但采用的方法和调查的深度有所不同。

①专业调查。专业调查包括气象水文、地质、地貌、土壤、植被、树种和林况、苗圃地、病虫鸟兽害等。专业调查最主要的任务是通过对当地地貌、土壤（包括地质、水文）、植被、人工林等调查，掌握城市郊区自然条件及其在地域上的分异规律，研究它们之间的相互关系，用于划分立地条件类型，作为划分宜林地小班和进行造林设计的依据。

各专业调查组要根据本专业的特点和要求，采用线路调查，典型抽样调查、访问收集等方法进行专业调查。一般是在利用现有资料的基础上，采用面上调查和典型样地调查相结合的方法。对造林地面积不大，自然条件不甚复杂时，经一般性的踏查后，可不进行面上调查，直接在不同的造林地段选择典型地段进行标准地调查。面上调查（线路调查）的调查线路一般是在地形图上按照地貌类型（河床、河谷、阶地、梁、丘陵等），海拔高度，沿山脊、河流走向预设测线、测段和测点，再逐段逐点调查变化情况。标准地（样地）调查是选择能代表某一类型的典型地段，设置标准地或样地进行详细调查。

专业调查结束后，进行调查资料的整理和采集样品的理化分析，以掌握各项立地因子的分布与变化规律，充分运用森林培育学和相关学科的理论知识和研究成果，进行精心设计，正确进行立地评价，编制适于当地的立地类型表，并在此基础上按不同立地类型（或立地类型组）设计若干造林类型（称造林设计类型或造林典型设计）。

立地类型表的内容包括立地类型号，类型名称、地表特征、土壤、植物、适生树种、造林类型号等。造林类型表的内容包括造林类型号、林种、树种、混交方法及各树种比例、造林密度及配置、整地方法和规格、造林方法等。

②专项工程调查。主要内容包括道路调查，林场、营林区址调查，通讯、供电、给水调查，水土保持、防火设施、机械检修等调查。这些调查设计一般只要求达到规划的深度，如果需要深化，可组织专门人员进行。

③社会经济调查。主要了解调查郊区居民点分布、人口，可能投入林业的劳力与土地；交通运输、能源状况；社会发展规划、农林牧副业生产现状与发展规划等。

④区划调绘与小班调查。为了便于管理并把造林设计的技术措施落实到地块，对设计郊区要进行区划。对于一个城市郊区来说，造林区划系统为乡—村林

班—小班。如果在一个村的范围内造林面积不大，可以省去林班一级。一个林场（或自然保护区、森林公园）的造林区划系统为工区（或分场）—林班—小班。乡和村按现行的行政界线，现场调绘到图上；工区是组织经营活动的单位，一般以大的地形地物（分水岭、河流、公路等）为界，最好能与行政区划的边界相一致，其面积大小以便于管理为原则。

林班是调查统计和施工管理的单位，其面积一般控制在100～400 hm^2，林班界一般以山脊、沟谷、河流等明显的地形地物进行区划调绘，必要时也可以用等距直线网格区划的办法。

小班是造林设计和施工的基本单位，结合自然界线在现场区划界线的调绘，要求同一小班的地类、立地条件（类型）一致，因而可以使用同一个造林设计，组织一次施工来完成造林任务。小班的面积一般按比例尺大小和经营的集约程度而定，最小为0.5～1 hm^2，即在图面上不小于4 mm^2，如果面积太小，可与邻近地块并在一起划为复合小班，分别注明各地类所占比例。小班的最大面积也应有所限定。宜林地小班调查记载小班的地形、地势、土壤、植被土地利用情况，确定适合的立地类型、造林类型及设计意见。林地小班应分别对天然林、人工林调查林木组成、年龄、平均高、平均胸径、疏密度、郁闭度等，并确定适当的林分经营措施类型。非林地小班只划分地类，不进行详细调查。小班调查一般采用专门设计的调查表或卡片，调查卡片的形式更适合于进行计算机统计。

外业工作基本完成后，要对该项工作完成的质量进行现场抽查，并对外业调查材料进行全面检查和初步整理，以便发现漏、缺、错项，及时采取相应的弥补措施。

3. 内业工作

（1）基础工作，在内业工作开始前，必须认真做好资料检查，类型表修订，底图的清绘和面积计算等工作。检查和整理调查所收集的全部资料，如有错漏立即补充或纠正。外业采集的土壤、水等样品送交专业单位进行理化分析，以确定其成分，作为划分立地条件类型和确定造林措施的依据。根据外业调查和理化分析结果补充或修订“立地类型表”和“造林类型表”，用修订后的类型表逐个订正小班设计。根据外业区划调绘的结果，在已清绘的基本图上，以小班为单位，用求积仪等工具量测面积。量测面积有一定的精度要求，小班面积之和与林班面积之间，林班面积之和与工区（乡、村）面积之间，其差数小于规定的误差范围时，方可平差落实面积。

（2）内业设计，在全面审查外业调查材料的基础上，根据任务书的要求，进行林种和树种选择，树种混交、造林密度、整地、造林方法、灌溉与排水、幼林抚育等设计，必要时还要进行苗圃、种子园、母树林、病虫害防治以及护林防火等设计。在设计中，需要平衡林种、树种比例，进行造林任务量计算、种苗需要量计算及其他各种规定的统计计算，做出造林的时间顺序安排及劳力安排，完成切合实际的投资概算和效应估算。计算机的应用可大大简化此项工作。

（3）编制造林调查设计文件，调查设计文件应以原则方案为基础，根据详细调查和规划设计的结果而编制。该文件主要由调查设计方案、图面资料、表格以及附件组成。

造林规划方案的内容包括前言（简述规划设计的原则、依据、方法等），基本情况（设计郊区的地理位置、面积、自然条件、社会经济条件、林业生产情况等），经营方向（林业发展的方针及远景等），经营区划（各级经营区划的原则、方法、依据及区划情况），造林规划设计（林种、树种选择的原则和比例，各项造林技术措施的要求和指标），生产建设顺序（生产建设顺序安排的原则、依据及各阶段计划完成项目的任务量），其他单项及附属工程规划设计，用工量、机构编制和人员配置的原则和数量，投资概算和效益概算。

图面资料包括现状图，造林调查设计图、以城市郊区（或林场、自然保护区、森林公园）为单位的调查设计总图等、其他单项规划设计图。

附件包括小班调查簿（或卡片集）、各项专业调查报告、批准的计划任务书、规划设计原则方案、有关文件和技术论证说明材料等。

（4）审批程序，在调查设计全部内业成果初稿完成后，由上级主管部门召集有关部门和人员对设计成果进行全面审查，审查得到原则通过后，下达终审纪要。设计单位根据终审意见，对设计进行修改后上报。设计成果材料要由设计单位负责人及总工程师签章，成果由主管部门批准后送施工单位执行。

（三）造林施工设计

造林施工（作业）设计是在造林调查设计或森林经营的指导下，针对一个基层单位（如一个城市郊区，或林场、自然保护区、森林公园等），为确定下一年度的造林任务所进行的按地块（小班）实施的设计工作，设计的主要内容包括林种、树种、整地、造林方法、造林密度、苗木、抚育管理、机械工具，施工顺序、时间，以及劳力安排、病虫兽害防治、经费预算等。面积较大的，还应做出林道、封禁保护、防火设施的设计。造林施工设计应由调查设计单位或城市林业部门在施工单位的配合下进行，国有林场（或国家自然保护区、国家森林公园等）造林可自行施工设计。施工设计经批准后实施。施工设计主要是作为制订年度造林计划及指导造林施工的基本依据，也应作为完成年度造林计划的必要步骤。

造林施工（作业）设计是为基层林业生产单位的造林施工而使用的，一般在施工的上一年度内完成。

在已经进行了造林规划设计的单位，造林施工设计就比较简单。它的主要工作内容是，在充分运用调查设计成果的基础上，按下一年度计划任务量（或按常年平均任务量），选定拟于下一年度进行造林的小班，实地复查各小班的状况，根据近年积累的造林经验，种苗供应情况和小班实际情况，决定全部采用原设计方案或对原设计方案进行必要的修正，然后做各种统计和说明。小班面积是计算用工量、种苗量和支付造林费用的依据。所以，在施工设计阶段对小班面积的精度要求较高，如果调查设计阶段调绘和计算的小班面积不能满足施工设计的需要，应用罗盘仪（或GPS）导线测量的方法实测小班实际造林面积。

在未曾进行过调查设计的单位，造林施工设计带有补做造林调查设计的性质，虽然仅限于年度造林的范围，但要求设计方案与总体上的宏观控制相协调，以免在执行中出现偏差。在林区做过森林经理调查（二类调查）的地方进行造林施工设计时，充分利用已有的二类调查成果，可节省设计工作量。

第二节　城市建成区内森林的施工与管理

一、市区内森林树木栽植

（一）一般树木栽植施工

1. 栽植前的准备

（1）明确施工意图及施工任务

①工程范围及任务量。

②工程的施工期限。

③工程投资及设计概（预）算。

④设计意图。

⑤了解施工地段的地上、地下情况，包括：有关部门对地上物的保留和处理要求等；地下管线特别是要了解地下各种电缆及管线情况，以免施工时造成事故；施工现场的土质情况，以确定所需客土量；施工现场的交通状况、施工现场供水、供电等。

⑥定点放线的依据。一般以施工现场及附近水准点作定点放线的依据。

⑦工程材料来源。

⑧运输情况。

（2）编制施工组织计划

①施工组织领导。

②施工程序及进度。

2. 定点放线

定点放线即在现场测出苗木栽植位置和株行距。由于树木栽植方式各不相同，定点放线的方法分为以下3种：

（1）自然式配置乔灌木放线法

①坐标定点法。

②仪器测放法。

③目测法。

（2）整形式（行列式）放线法

（3）等距弧线的放线

3. 苗木准备

苗木的选择，除了根据设计提出对规格和树形的要求外，要注意选择长势健旺、无病虫害、无机械损伤、树形端正、根系发达的苗木；而且应该是在育苗期内经过移栽，根系集中在树蔸的苗木。苗木选定后，要挂牌或在根基部位画出明显标记。

起苗时间和栽植时间最好紧密配合，做到随起随栽。为了挖掘方便，起苗前1～2天可适当浇水使泥土松软，对起裸根苗来说也便于多带宿土，少伤根系。起苗时，常绿苗应当带有完整的根团土球。土球散落的苗木成活率会降低。土球的大小一般可按树木胸径的10倍左右确定。为了减少树苗水分蒸腾，提高移栽成活率，起苗后，装车前应对灌木及裸根苗根系进行粗略修剪。

4. 苗木假植

苗木运到后不能按时栽种，或是栽种后苗木有剩余的，都要进行假植。

（1）带土球的苗本假植：将苗木的树冠捆扎收缩起来，使每棵树苗都是土球挨土球，树冠靠树冠，密集地挤在一起。然后，在土球层上面盖一层壤土，填满土球间的缝隙，再对树冠均匀地洒水，使上面湿透，保持湿润。

（2）裸根苗木假植：一般采用挖沟假植，沟深40～60 cm。然后将裸根苗木一棵棵紧靠呈30° 斜放在沟中。使树梢朝向西边或朝向南边。苗木密集斜放好后，在根部上分层覆土，层层插实以后，应经常对枝叶喷水，保持湿润。

5. 挖种植穴

在栽苗木之前应以所定的白灰点为中心沿四周向下挖穴，种植穴的大小依土球规格及根系情况而定。带土球的穴应比土球大15～20 cm，栽裸根苗的穴应保证根系充分舒展，穴的深度一般比土球高度稍深10～20 cm，穴的形状一般为圆形，要保证上、下口径大小一致。

种植穴挖好后，可在穴中填些表土，如果种植土太瘠薄，就要先在穴底垫一层腐熟的有机肥，基肥上还应当铺一层壤土，厚度5 cm以上。

6. 定植

（1）定植前的修剪，对较大的落叶乔木，如杨、柳、槐等可进行强修剪，树冠可剪去1/2以上。花灌木及生长较慢的树木可以进行疏枝，短截去全部叶或部分叶，去除枯病枝、过密枝，对过长的枝条可剪去1/3～1/2。修剪时要注意分枝点的高度。修剪时剪口应平而光滑，并及时涂抹防腐剂。

（2）苗木经修剪后即可定植，定植的位置应符合设计要求。

（3）定植后的养护管理栽植较大的乔木时，在定植后应支撑，以防浇水后大风吹倒苗木。树木定植后24小时内必须浇上第一遍水，水要浇透，使泥土充分吸收水分，根系与土紧密结合，以利于根系发育。

（二）植树的季节

树木的栽植适宜季节应以树种、地区不同而各异，不同的植树要求，其所适应的季节也不尽相同。但原则上应在树木休眠期间较为适合，树木在休眠期间生理活动非常之微弱，在移植之际，虽然有损伤，尔后极易恢复。

1. 春季植树

春季是植树主要和较好的季节。一般所有的树种都适宜在这个季节栽植。具体各地时间，应从土壤解冻至树木发芽之前，即2—4月份都适于植树（南方早，北方迟）。

2. 雨季植树

一般适用于常绿树，在常绿树春梢停止生长、秋梢尚未开始生长时进行，移植时必须带土球，以免损伤根部。7月份正值雨季前期或雨季。此时植树正逢温度高，虽湿度大，但蒸发量也大，因此，必须随挖苗随运苗。要尽量缩短移植时间，最好在阴天或降雨前移植，以免树木失水而干枯。

3. 秋季植树

秋季植树适于适应性强、耐寒性强的落叶树，一般在树木大部分叶片已脱落至土地封冻之前，即10月下旬至11月上旬。在比较温暖的地区以秋季、初冬种植较适宜。植树因树种不同而难易有别，应根据树种特性进行移植，移植时期充分注意树木状况，以确保较高的成活率。

一般情况下同一种树木中，其树龄越小者，移植越易；同一树种中叶形越小，移植越易。落叶树较常绿树易于移植。树木的直根短、支根强、须根多者易于移植；树木的新根发生力强者易于移植。

（1）最易成活的树种：杨、柳、榆、槐、臭椿、朴、银杏、梅、桃、杏、连翘、迎春、胡枝子等。

（2）较易成活的树种：女贞、黄杨、梧桐、广玉兰、桂花、七叶树、玉兰、厚朴、樱花、木槿。

（3）较难成活的树种：华山松、白皮松、雪松、马尾松、紫杉、侧柏、圆柏、柏木、龙柏、柳杉、楠、樟、青冈、栗、山茶、木荷、鹅掌楸等。

（三）植树

1. 定点放线

在植树施工前必须定点放线，以保证施工符合设计要求的主要措施。

（1）行道树定点。

（2）新开小游园、街头绿地的植树定点。

（3）庭院树、孤立树、装饰树群团组的定点、用测量仪器或皮尺定点；用木桩标出每株树的位置，木桩上标明应栽植的树种、规格和坑的规格。

2. 挖苗

为了保证树木成活，提高绿化效果，一定要选用生长健壮、根系发达、树形端正、无病虫害、符合设计要求的树苗。

（1）起苗，起苗时一定要保证苗木根系完整不受损伤。为了便于操作保护树冠，挖掘前应将蓬散的树冠用草绳捆扎。裸根苗的根不得劈裂，保证切口平整。挖带土的树苗一定要保持土球完好平整，土球大小应为根径直径的3倍为好。土球底不应超过土球直径的1/3。要用蒲包、草帘等包装物将土球包严，并用草绳捆绑紧，不可使其底部漏出土来，或用草绳一圈一圈紧密扎上。

（2）扎包土球方法，扎包土球的直径在40 cm以下的苗木时，如果苗木的土质坚实，可将树木搬到坑外扎包。先在坑边铺好草帘或蒲包，用人工托底将土球从坑中捧出，轻轻放在草帘或蒲包上，再用草帘或蒲包将土球包紧再用草绳把包捆紧。如果土球直径在40 cm以下但土质疏松，或土球直径在50 cm以上的，应在坑内打包。

扎花箍的形式分井字包和网状包两种。运输距离较近、土壤较黏重，可采用井字包形式；比较贵重的树木，运输距离较远而土壤的沙性又较大的，常用网状包。如果规格特大的树木、珍贵树等，可以用同样的方法包扎两层。

对规格小的树木（土球直径在30 cm左右）可采用简易方法包扎，可用草绳给土球径向扎几道，再在土球中部横向扎一道，使径向草绳固定即可。对小规格的树木，也可采用把土球放在草帘或稻草上，再由底部向上翻包，然后在树干基部扎紧。

3. 运苗

树苗挖好后，要尽快把苗木运到定植点。最好做到“随挖、随运、随种植”的原则。运苗时要注意在装车和卸车过程中保护好苗木，使其不受损伤。在装卸过程中，一定要做到轻装、轻卸，不论是人工肩扛、两人抬装或是机械起吊装卸，都要注意不要造成土球破碎，根、枝断裂和树皮磨损现象出现。装车时对带土球的苗木为了使土球稳定，应在土球下面用草帘等物垫衬。

4. 假植

树苗运到栽植地点后，如果不能及时栽植，对裸根苗必须进行假植。假植时选择排水良好、湿度适宜、背风的地方开一条沟。宽1.5 ~ 2.0 m，深度按苗高的1/3左右，将苗木逐棵单行挨紧斜排在沟边，倾斜角度约为30°，树梢向南倾斜，放一层苗木放一层土，将根部埋严。

5. 栽植

（1）挖坑、栽植坑的位置应准确，严格按规划设计要求的定点放线标记进行。坑穴的大小和深度应根据树苗的大小和土质的优劣来决定。坑壁要直上直下成桶形，不得上大下小或上小下大，否则会造成窝根或填土不实，影响栽植或成活率。坑径比苗木的根部或土球的直径大20 ~ 30 cm为宜。若立地条件差时，还应该更大些。还应参照苗木的干径或苗木的高度定大小。

（2）栽植、树木的栽植位置一定要符合设计要求，栽植之后，树木的高矮、直径的大小都应合理搭配。栽植的树木本身要保持上下垂直，不得倾斜。栽植行列植、行道树必须横平竖直，树干在一条线上相差不得超过半个树干，相邻树木的高矮不得超过50 cm栽植绿篱，株行距要均匀，丰满的一面要对外，树冠的高矮和冠丛的大小要搭配均匀合理。栽植深度一般按树木原土痕相平，或略深

3～5 cm。栽植带土球的苗木，应将包装物尽快拿掉。

（四）大树移植

在市区内森林绿化中为了较快达到效果，常采用移植较大的树木。大树（胸高直径15～20 cm）移植是很快发挥绿化效果的重要手段和技术措施。

大树移植是一项非常细致的工作，树木的品种、生长习性和移植的季节不同，大树的移植方法也有所不同。移植胸径为5～30 cm的大树多采用大木箱移植法；移植胸径为10～15 cm的大树，多采用土球移植法；移植胸径为10～20 cm的落叶乔木，也可采用露根移植法。

为了提高移植的成活率，在移植前应采用一系列措施进行修剪，如果是常绿阔叶树，应在挖树前两周左右先修剪约占1/3的枝叶。对常绿针叶树，剪去枯枝、病枝和少量不整齐的枝条。经修剪整理后的大树，为了便于装卸和运输，在挖掘前应对树木进行包扎。对于树冠较大而散的树木，可用草绳将树冠围拢紧。对一些常绿的松柏树，可用草绳扎缚固定。树干离地面1 m以下部分要用草绳缠绕。

1. 挖掘

应先根据树干的种类、株行距和干径的大小确定在植株根部留土台的大小。一般按苗直径的8～10倍确定土台。按照比土台大10 cm左右的范围划一正方形，然后沿线印外缘挖一宽60～80 cm的沟，沟深应与土台高度相等。挖掘树木时，应随时用箱板进行校正，保证土台的上端尺寸与箱板尺寸完全符合，土台下端可比上端略小。挖掘时如遇有较大的树根，可用手锯或剪子切断。

2. 装箱

（1）上箱板：先将土台的4个角用蒲包片包好，再将箱板围在土台四面，用木棍箱板顶住，经过校正，使箱板上下左右都放得合适，再用钢丝绳分上、下两道绕在箱板外面，紧紧绕牢。

（2）将土台四周的箱板钉好后，要紧接着掏出土台底部的土，沿着箱板下端往下挖30 cm深，然后用小板镐和小平铲掏挖土台下部的土。掏底土可在两侧同时进行。当土台下边能放进一块底板时就应立即上一块底板，然后再向里掏土。

（3）上底板：先将底板一端空出的铁皮钉在木箱板侧面的带板上，再在底板下面放一木墩顶紧；在底板的另一端用千斤顶将底板顶起，使之与土台紧贴，再将底板的另一端空出的铁皮钉在木箱的侧面的带板上，然后撤下千斤顶，再用木墩顶好。上好一块底板之后，再向土台内掏底，仍按照上述方法上其他几块底板。在挖底土时，如遇树根应用手锯锯断，锯口应留在土台内，不可使它凸起。

（4）上上板：先将土台的表土铲平一些，并形成靠近树干的中心部位稍高于四周，然后在土台上面铺一层蒲包片，即可钉上板，两箱板交接处，即土台的四角上钉铁皮，固定。

3. 装车

一般情况下，当每株树木的重量超过两吨时，需用起吊机吊装，用大型汽车运输。吊装木箱的大树，先用钢丝绳横着将木箱捆上，把钢丝绳的两端扣放在木箱的一侧，即可用吊钩钩好钢丝绳。并在树干外包上蒲草包，捆上绳子将绳子的另一端也套在吊钩上，并同时在树干分枝点上拴一麻绳，以便吊装时人力控制方向。拴好、钩好将树缓缓吊起，由专人指挥吊车。装车时，在箱底板与木箱之间垫两块10 cm × 10 cm的方木，长度较木箱略长。分放在钢丝绳处前后。树冠应向后，土台上口应与卡车后轴在一直线上。木箱在车厢中放稳，再用两根较粗的木棍交叉或支架，放在树干下面，用以支撑树干，在树干与支架相接之处应垫上蒲草包片，以防磨伤树皮。待树完全放稳之后，用绳子将木箱与车厢捆紧。

4. 卸车

卸车与装车方法大体相同，当大树被缓缓吊起离开车厢时，应将卡车立刻开走。然后在木箱准备落地处横放1根或数根40 cm的大方木，将木箱缓缓放下，使木箱上口落在方木上，然后用2根木棍顶住木箱落地的一边，再将树木吊起，立在方木上，以便栽植时穿捆钢丝绳。

5. 栽植

挖坑：栽植坑直径一般应比大树的土台宽50 ~ 60 cm、深20 ~ 25 cm。土质不好的应该换土，并施入腐熟的有机肥。

吊树入坑：先在树干上包好麻包或草袋，然后用钢丝绳兜住木箱底部，将树直立吊入坑中，如果树木的土台较坚硬，可在将树木移吊到土坑的上面还未完全落地时，先将木箱中间的底板拆除；如果土质松散，不能先拆除底板，一定要将木箱放稳之后，再拆除两边的底板。树入坑放稳并拆除底板后，再拆除上板，并向坑内填土。将土回填到坑的1/3高度时再拆除四周箱板，然后再继续填土，每填30 cm厚的土后，应用木棍夯实，直至填满为止。

6. 栽后管理

填完土后应立即浇水，第一次要浇足、浇透，隔1周后浇第二次。每次浇水之后，待水全部透下，应中耕松土1次，深度为10 cm左右。

二、花卉植物的施工与管理

（一）花卉的应用

在绿地建设中，除了乔灌木的栽植和建筑、道路及必需的构筑物外，其他如空旷地、林下、坡地等场所，都要用多种植物覆盖起来。在绿地中花卉的单株，使人们不仅能欣赏其艳丽色彩，婀娜多姿的形态和浓郁的香气，而且还可群体栽植，组成变幻无穷的图案和多种艺术造型。可布置成花坛、花境、花丛、花群及花台等多种方式，一些蔓生性草花又可用以装饰柱、廊、篱垣及棚架等。

1. 花坛

为规则的几何图案，种植各种不同色彩的观赏花卉植物构成一幅具有华丽纹样、鲜艳色彩的图案画，常布置在绿地中和街道绿化的广场上、交叉路口、分车带和建筑物两侧及周围等处，主要在规则式布置中应用。有单独或连续带状及成群组合等类型。外形多样，多采用圆形、三角形、正方形、长方形、菱形等规则的多边形等。内部花卉所组成的纹样，多采用对称的图案。有单面对称或多面对称。花坛要求经常保持鲜艳的色彩和整齐的轮廓，一般多采用一、二年生花卉。应以植株低矮、生长整齐、株丛紧密而花色艳丽（或观叶）的种类为好。花坛中心宜选用高大而整齐的花卉材料，立面布置应采用中间高、周边低或后面高、前面低的形式，利于排水，便于人们欣赏。

如果用低矮紧密而株丛较小的花卉，如五色苋类、三色堇、雏菊、半枝莲、矮翠菊等，适合于表现花坛平面图案的变化，可以显示出较细的花纹的为毛毡花坛。

2. 花境

为自然式的图案，常布置在周围也是自然式布局的绿化环境中，以树丛、树群、绿篱、矮墙或建筑物做背景的带状自然花卉布置，根据自然风景中林缘野生花卉自然散布生长的规律，加以艺术提炼而应用于绿地建设之中。花境的边缘，依环境的不同，可以是自然曲线，也可以采用直线，各种花卉的配植是自然斑状混交。例如，在林间小径两旁。大面积草坪边缘，中国古典园林的庭院和专类花园中，构成宛如自然生长的花团锦簇的花园。

花境中各种各样的花卉配植应考虑到同一季节中彼此的色彩、姿态、体型及数量的调和与对比，整体构图又必须完整，还要求一年中有季相变化。

混植的花卉特别是相邻的花卉，其生长势强弱与繁衍速度应大致相似。花境主要花卉不仅自身具有自然美而且具有各种花卉自然组合的群体美，其景观不是平面的几何图案，而是花卉植物群落的自然景观。

3. 花丛及花群

花丛及花群是由几株或十几株不同或相同种类的花卉组成自然式种植形式。这也是将自然风景中野花散生于草坡的景观应用于城市绿地。可布置于自然曲线道路转折处或点缀于小型院落之中。花丛与花群大小不拘，简繁均宜，株少丛栽，丛也可连成群。一般丛群较小者组合种类不宜多。花卉的选择，高矮不限，但以茎干挺直、不易倒伏，或植株低矮、匍地而整齐、植株丰满整齐、花朵繁密者为佳。花丛的各种花卉植株的大小、配置的疏密程度也要富有变化。花丛及花群常布置于开阔草坪的外围、林缘、树丛、树群，起过渡的效果。

4. 花台

花台是用于种植花卉的高出地面的台座，它类似花坛但面积较小。设置于庭院中央或两侧角隅，也可与建筑相连且设于墙基、窗下或门旁。形状自然，常用假山石叠层护边。我国古典园林及民族形式的建筑庭院内，花台常布置成“盆景式”以松、竹、梅、杜鹃、牡丹等为主。花台由于通常面积狭小，一个花台内常布置一种花卉，因台面高于地面，故应选用株形较矮、茎叶下垂于台壁的花卉。如玉簪、鸢尾、麦冬草、沿阶草等。

5. 篱垣及棚架

采用草本蔓性花卉，适用于篱棚、门楣、窗格、栏杆、小型棚架的掩蔽与点缀。多采用牵牛花等。

（二）花卉品种的选择

用于花坛、花境和立体花坛等群体栽植的花卉，应该选择花期较长、耐移栽的，植株直立不易倒伏，生长速度相似的品种，这样使整个群体的图案保持整齐，轮廓线明显突出。

（三）花坛施工

花坛的种类比较多。在不同的绿地环境中，往往要采用不同的花坛种类。从设计形式来看，花坛主要有盛花花坛（或叫花丛花坛）、模纹花坛（包括毛毡花坛、浮雕式花坛等）、标题式花坛（包括文字标语花坛、图徽花坛、肖像花坛等）、立体模型式花坛（包括模拟多种立体物像的花坛等）4个基本类型。在同一个花坛群中，也可以有不同类型的若干个体花坛。花坛施工包括定点放线、砌筑边缘石、填土整地、图案放样、花坛栽植等几个工序。

三、草坪地被植物的栽培与管理

草坪及地被植物是指能覆盖地面的低矮植物。它们均具有植株低矮、枝叶稠密、枝蔓匍匐、根茎发达、生长茂盛、繁殖容易等特点。草坪及地被植物，是城市绿化的重要组成部分，既能够掩盖裸露的地面，防止雨水冲刷、侵蚀而保持水土，还能够调节气候，如减缓太阳辐射，降低风速，吸附、滞留灰尘，减少空气的含尘量，吸收一部分噪音，等等。同时，许多草坪及地被植物叶形秀丽，在美化环境方面有较高的观赏价值。

（一）草坪种植施工

1. 播种法

一般用于结籽量大而且种子容易采集的草种。如羊茅类、多年生黑麦草、草地早熟禾、剪股颖、苔草、结缕草等都可用种子繁殖。

2. 栽植法

用植株繁殖较简单，能节省大量草源，一般1 m^2的草皮可以栽成5～10 m^2或更多一些，管理也比较方便。

3. 铺栽方法

这种方法的主要优点是形成草坪的速度快，可在任何时候进行，且栽后管理容易，缺点是成本高，并要有丰富的草源。

（二）草坪的养护管理

（1）灌水：当年栽种的草坪及地被植物，除雨季外，在生长季节应每周浇透水2～4次，以水渗入地下10～15 cm处为宜。

（2）施肥：为了保持草坪叶色嫩绿、生长繁密，必须施肥。冷季型草坪的追肥时间最好在早春和秋季，第一次在返青后，可起促进生长的作用，第二次在仲春。

（3）修剪：修剪是草坪养护的重点，通过修剪来控制草坪的高度、增加叶片密度、抑制杂草生长，使草坪平整美观。

（4）除杂草：防、除杂草的最根本方法是合理的水肥管理，促进目的草的生长势，增强与杂草的竞争能力，并通过多次修剪抑制杂草的发生。一旦发生杂草侵害，可用人工拔除。

（5）通气：改善草坪根系通气状况，有利于调节土壤水分含量，提高施肥效果。这项工作对提高草坪质量起到不可忽视的作用。

四、垂直绿化

为了加强绿化的立体效果，能够充分利用空间，可以结合棚架、栅栏、篱笆、墙面、土坡、山石等物体，栽植有蔓性攀缘的木本或草本植物，叫作垂直绿化。

通过采用垂直绿化，可以美化光秃的墙面、土坡、山石、栅栏等物体，并能充实、提高绿化质量。

（一）垂直绿化的种植形式

1. 住宅和建筑物墙面绿化

用缠绕藤本植物绿化墙面必须选用具有吸盘而且有吸附能力的藤本植物，如地锦、爬山虎等。

2. 围栅、篱垣的绿化

可采用缠绕藤本植物的吸盘、卷须和蔓茎缠绕布满围栅、篱垣，也可采用缠绕草本植物如牵牛、鸟萝等草本植物。

3. 棚架、花架绿化

可选择缠绕性强，通过枝蔓缠绕，逐渐布满整个棚架、花架或者树干上、灯柱上。

4. 陡坡坡地、山石的绿化

陡坡坡地由于坡度大，不易种植植物，易产生冲刷，如立交桥坡面、公路、铁路两侧护坡，可采用根系庞大的藤本植物覆盖，既固土又绿化。

（二）垂直绿化施工

垂直绿化就是使用藤蔓植物在墙面、阳台、棚架等处进行绿化。

1. 墙垣绿化施工

（1）墙面绿化：常用爬附能力较强的地锦、岩爬藤、凌霄、常春藤等作为绿化材料。

（2）墙头绿化：主要用蔷薇、木香、三角花等攀缘植物和金银花、常绿油麻藤等藤本植物，搭在墙头上绿化实体围墙或空花隔墙。

2. 棚架植物施工

栽植在植物材料选择、具体栽种等方面，棚架植物的栽植应当按下述方法处理。

（1）植物材料处理：用于棚架栽种的植物材料，若是藤本植物，如紫藤、常绿油麻藤等，最好选1根独藤长5 m以上的，如果是丛生状蔷薇之类的攀缘类灌木，要剪掉多数的丛生枝条，只留1~2根最长的茎干，以集中养分供应，使今后能够较快地生长，较快地使枝叶盖满棚架。

（2）种植槽、穴的准备：在花架边栽植藤本植物或攀缘灌木，种植穴应当确定在花架柱子的外侧。穴深40~60 cm，穴径40~80 cm，穴底应垫1层基肥并覆盖1层壤土，然后才栽种植物。

（3）栽植：花架植物的具体栽种方法与一般树木基本相同。

（4）养护管理在藤蔓枝条生长过程中，要随时抹去花架顶面以下主藤茎上的新芽，剪掉其上萌生的新枝，促使藤条长得更长，藤端分枝更多。

第三节　综合性公园绿地建设

一、综合性公园的内容和规模

综合性公园的建设，必须以创造优美的绿色自然环境为基本任务，要充分利用有利地形、河流、湖泊、水系等天然有利条件，同时还要充分地满足保护环境、文化休闲、游览活动和生态艺术等各方面功能的要求。

在一个城市中设立综合性公园的数量，要根据城市的规模而定，一般情况在大、中城市可设置几个为全市服务的市级综合性公园和若干个区级公园，而在小城市或城镇只需设置一个综合性公园。不论是市级的还是区级的综合性公园，都是为群众提供服务的综合性公共绿地，只是在公园的内容和园内的设施方面有所不同。

综合性公园的内容，应该包括多种文化娱乐设施、儿童游戏场和安静休息区，也可设立小型游戏型的体育设施。在已建有动物园的同一城市，则在综合性公园中不宜再设立大型的或猛兽类动物展区。

二、综合性公园的种植设计

综合性公园的种植设计，要根据公园的建设规划的总要求和公园的功能、环境保护、游人的活动以及树林庇荫条件等方面的要求出发，结合植物的生物学和生态学特性，做到植物布局的艺术性。

（一）安静休息区

由于要形成幽静的憩息环境，应该采用密林式的绿化，在密林中分布很多的散步曲径和自然式的林间空地、草地及林下草地，也具有开辟多种专类花园的条件。

（二）文化娱乐区

本区常有一些比较大型的建筑物、广场、雕塑等，而且一般地形比较平坦，绿化要求以花坛、花境、草坪为主，以便于游人的集散。在本区可以适当地点缀种植几种常绿的大乔木，而不宜多栽植灌木，树木的枝下净空间应大于2m，以免影响交通安全视距和人流的通行。

（三）游览休息区

可以以生长健壮的几种树种作为骨干，突出周围环境的季相变化的特点。在植物配置上根据地形的起伏而变化，在林间空地上可以建设一些由道路贯穿的亭、廊、花架、座椅凳等，并配合铺设相应面的草坪。也可以在合适的地段设立如月季园、牡丹园、杜鹃园等专类花园。

（四）体育活动区

宜选择生长快、高大挺拔、树冠整齐的树种。不宜种植那些落花、落果和散落种毛的树种。球类运动场周围的绿化地，要离运动场5～6 m。在游泳池附近绿化可以设置一些花廊、花架，不要种植带刺或夏季落花落果的花木和易染病虫害、分蘖强的树种。日光浴场周围，应铺设柔软且耐踩踏的草坪。

（五）儿童活动区

应采用生长健壮、冠大荫浓的乔木种类进行绿化，不宜种植有刺、有毒或有强烈刺激性反应的植物。在儿童活动区的出入口可以配置一些雕像、花坛、山、石或小喷泉等，并配以体形优美、奇特、色彩鲜艳的灌木和花卉，活动场地铺设草坪，以增加儿童的活动兴趣。本区的四周要用密林或树墙与其他区域相隔离，本区植物配置以自然式绿化配置为主。

（六）公园大门

公园大门是公园的主要出入口，大多数大门都面向城市的主干道。所以公园大门的绿化，应考虑到既要丰富城市的街景，又要与大门的建筑相协调，还要突出公园的特色。如果大门是规则式的建筑，则绿化也要采用规则式的绿化配置。

在大门前的停车场四周可以用乔灌木来绿化，以便夏季遮阴和起隔离环境的作用。在公园内侧，可用花池、花坛、雕塑小品等相配合，也可种植草坪、花卉或灌木等。

在公园的小品建筑附近，可以设置花坛、花台、花境，沿墙可以利用各种花卉境域，成丛布置花灌木。门前种植冠大荫浓的大乔木或布置艺术性设计的花台、展览室、阅览室和游艺室的室内，可以摆设一些耐阴的花木。所有的树木、花草的布置都要和小品建筑相协调，四季的色相变化要丰富多彩。

公园的水体可以种植荷花、睡莲等水生植物，创造优美的水景。在沿岸可种植较耐水湿的草木花卉或者点缀乔灌木和小品建筑，以丰富水景。

第四节　城市森林的培育

一、市区森林抚育的目的与意义

市区森林抚育是指市区森林建立以后一直到林木死亡或因其他原因而需要对其重新补植之前的各项管理保护措施。

人们常说“三分造林，七分管护”，可见，市区森林能否正常生长发育，主要还是依赖于造林后的抚育管理。市区森林抚育的目的就是使市区森林可以健康、茁壮地生长，并且能够与市区环境协调一致，最大限度地提高市区森林的生态服务功能，同时把对市区其他设施及活动可能存在的对林木生长不利的影响降低到最低程度。市区森林的抚育管理措施主要包括市区森林的施肥管理、整形修剪、伤口处理、树穴填补以及病虫害防治等。

二、市区森林的施肥管理

在我国除了经营商品林之外，一般造林是不施肥的。但是，由于市区森林的土壤一般比较贫瘠，而且还要求其发挥更高的生态服务功能，因此，有条件时还是应该大力提倡进行施肥管理。通常，施肥时应氮、磷、钾三种肥料并重。但是如果土壤中某种元素较充足时，则可以不使用主要成分为该种元素的肥料，如中国北方土壤一般不缺钾元素，所以一般在北方不施用钾肥，而南方土壤一般比较缺钾，也比较缺磷，因此，南方城市土壤需要补充磷肥和钾肥。

（一）市区施肥的种类

通常来说，林木的适宜施肥种类与农作物并不完全相同。另外，观赏树木和花卉一般喜生于酸性土壤之中，而在我国酸性土壤多分布在南方，北方土壤一般呈中性或碱性。因此，凡是能残留碱性残基的化学肥料不应施用在碱性土壤中。北方种植观赏花木时，培养基应保持在微酸的条件下，碱性土壤一般可加入酸性肥料或用石膏来调节。

（二）施肥数量

施用复合肥料的适宜数量一般采用如下标准：即1株树木胸高直径每2.54 cm施肥1.1～1.8 kg，幼树施肥量应减半。

（三）施肥的方法

（1）地表撒播法：对未成林的幼树可以用这方法，用撒播法施肥只有遇到降雨，肥料才能进入土壤中。

（2）开沟施肥法：在树冠的外缘掘沟，沟深20～30 cm，宽10～20 cm，然后填入混有肥料的表土。这种方法有两个缺点，其一是仅有小部分根系接触到肥料，其二是这种方法会伤害到若干根系。

（3）穿孔法：对于长在草地上的大树而言，穿孔法是最有效的方法。用适当的工具（如丁字镐或土壤钻孔器）在根系分布范围内钻孔。所谓根系的范围是以树木为圆心，以树木直径的12倍为直径的圆圈，每个洞的深度为25 cm，洞与洞的间隔为60 cm。

（4）叶面施肥：能够进行叶面施肥的依据是树木叶片的正反面若干部位间歇排列着几丁质层，几丁质层会吸收水分及养分。影响树木叶片吸收养分的条件有湿度、适宜的温度、光、糖的供应、树势、肥料的物理性质与化学性质等因素。

同时，叶片对液体肥料的吸收程度因树种而异。每一树种叶面表皮层的厚度、表皮层不连续的状况（几丁质层与表皮层相互间隔的情形）以及叶片表面的光滑程度等因子都会影响到叶面施肥的效果。

三、修枝

市区森林的主要景观功能之一就是要具有较高的观赏价值，也就是其美学价值要高。树冠整形与修剪是提高城市森林美学价值的重要方法之一。

（一）修剪的主要目的和意义

（1）维护林木的健康：破裂、枯死或感染病虫害的枝条可以通过修枝方式予以剪除，这样可以防止病虫害的蔓延。为增加阳光和空气透过树冠，也可修剪若干健康的枝条。假若根系受到伤害，相应的修剪掉若干枝条后，也能够使树冠与根系维持平衡。

（2）美观：市区当中许多树木均是通过人工修剪整形而成，具有一定的几何形状。但树木各个枝条的生长速度不是均匀一致的。因此，为了保持树冠的整齐与景观上的美观，这些生长迅速的枝条就应予以适当的修剪。

（3）安全：枯死的枝条会坠落，这样就会危及市区居民的生命和财物安全，因此，对枯枝、严重病枝或受机械损伤尚未脱落的枝条要及时修剪，消除安全隐患。对于枝条下垂形的树木，其枝下高低于1.5 m或严重妨碍市民活动时（即使高于1.5 m），也应进行修剪，以保证市民的安全。

（二）修剪的工具

链锯、手锯、双人大锯、修枝剪、斧、锤、大剪刀等都是常用的修枝工具。

（三）修枝方法

修枝并没有统一的方法，但是一些基本原则还是需要遵守的，如修枝时应从树枝的上方向下修剪，这样易于把树冠修剪成适当树形，也容易清理落下的残枝，修剪的切口必须紧贴树干或大树枝上，而不应留下突出的残枝。因为留下的残枝会妨害伤口愈合并且产生积留水分而使树干或枝干腐朽，影响树木生长。修枝时切口应平滑且呈椭圆形。

大枝条的修剪应使用大锯移除。在锯枝时不应伤及树干本身，为防止大枝坠落时撕伤树枝，正确的修枝方式是：第一步应在距树干30～40 cm处自下而上锯枝条，锯到树枝直径的一半后，再自距离第一道切口1 cm的上端自上而下切锯，最后再自下向上紧贴树干把剩下的残枝切除。在锯残枝时，手应紧握残枝，以免树枝撕裂。

（1）V字形枝丫的修剪：移除V字形枝丫应该注意下列两点：第一，许多树种（如木棉树、柳树、黄槿等）可以大量修枝而不致影响其树势；第二，在进行V字形枝丫的切除时，切口应与主干呈45°的角度。切口与主干呈垂直状态不易愈合，同时若切口所呈角度过大也会使剩下的另一枝条易于断折。

（2）风害枝修枝：树木如遭受风害，应视情形予以修枝。如果风害枝木有危害人员生命财产的可能，则应立刻修枝，或者可以等到适当的季节再予修枝。

（3）遭受病虫害枝条的修枝：受到病虫害危害的枝条应予以及时修枝。关于这一类枝条的修枝，有一点需要特别注意，即不应使修枝的工具成为传染病虫害的媒介，处理过病害木的刀剪应该用70%酒精擦拭，而且病害木不应在湿季修枝，因为在这种情况下，病虫害最容易传播。

（4）常绿树木的修枝：市区树木修枝的目的在于获得美观的树冠，使得树冠枝条较多且外观较紧密。幼年茎轴的末端如果被修剪，枝条上就会长出新的枝叶，使树冠更为浓密。

松树与云杉一年只生长一次，因此，一年中任何时期均可修枝，但最好在新生长的枝条还比较幼嫩时修枝。比如，松类树木最好在新生长的枝叶未展开时进行修枝，即在新生长的枝叶尚呈蜡烛状时即予以修枝，在这种情况下修枝对树木的外观不发生影响。其他针叶树种如扁柏、落叶松等树种在整个生长季中都在不断生长，这类树木最好在六月或七月修枝，在生长季节停止前，新生长的部分会覆盖修枝的切痕。具有某种特定树形的针叶树应该进行修枝，以维持其特定的树形，在这种情况下，只能剪除长茎轴。以针叶树当绿篱时则应该用大剪刀将其顶端剪平。

（5）因避免与电线接触而进行的修枝：行道树与空中的线路时而纠缠在一

起，这是城市中常见的一种不良现象，是一种严重的安全隐患。在这种情况下，行道树修枝是最好的解决办法。这类修枝可以分为三类：切顶，侧方修枝、定向修枝。

①切顶。切顶是把顶端的枝条切除，如果树木生长在电线的下方时，可以采用这种方法，但这种方法容易破坏树的自然美观。

②侧方修枝。侧方修枝是把大树侧方与电线相互纠缠的枝条剪除，在进行侧方修枝时通常要把另一方的枝条修剪，以保持树形的对称。

③定向修枝。定向修枝是把树木中若有与电线纠缠的树枝予以剪除，并且应该把余留枝条牵引使其不触及电线。通常具有经验的城市森林学者可以预测树木枝条的走向，因此，在进行定向修枝时，不但会剪除目前与电线发生纠缠的枝条，而且还会将对日后可能与电线纠缠的枝条一并去掉。

四、树穴处理

（一）树穴的起源

树穴起源自树皮伤口。健全的树皮可以保护其内部的组织，树皮破损会使边材干燥，当树势强壮时，这种伤口不会扩大，并且在一两年内会长出愈合组织。但是如果树木受损而伤口太大，则伤口愈合较为缓慢。另一种情况是因为风折或修枝不慎而把残枝留在树上。在上述两种情况下，木材腐朽菌与蛀食性的虫类会进入树干而导致腐朽，这些菌类或虫类会使愈合组织不能生成，经过一段时间后就产生了树穴。

树木的心材如果产生洞穴还不至于损伤树木的树势，但是这会损害树木的机械支持能力，并且这种树穴也会成为虫类的温床。如果树干上树穴的洞口继续扩大，则会损及树势。这是因为树穴的洞口原来是树木形成层及边材占据的位置，树穴口部的扩大会损伤树木韧皮部的传导系统。

大多数腐朽菌所造成的腐朽过程极为缓慢，其速度大约等于树木的年生长量。因此，即使有树穴存在，一株树势良好的树木依然可以长到相当大的程度。

（二）树穴的处理

处理树穴的目的在于改善树木的外观并消除虫蚁、蚊子、蛇、鼠等昆虫和动物的庇护所。树穴处理的方法有两种，一是把树穴用固体物质填满，二是只把树穴清洁。

清理树穴时，应将树穴中所有变色与含水的组织予以清理，也就是说已变色的组织即使表面看来健全也应该予以清理，因为这是木材腐朽菌的大本营。对于大的树穴，就不能把所有变色的木材全部清除，因为这会减弱树木的机械能力，而导致树木折断。

一般而言，老的树穴伤口均已布满创伤组织，如果铲除这些创伤组织则会破坏树木水分和养分的传导系统而严重减弱树势，因此，林业人员应自行判断树穴中腐朽部分是否应予以清理。

（三）树穴的造型

对树穴应该进行整形，以使树穴内没有水囊存在，假使这些水囊蔓延至树干，也应把外面的树皮切除以消除水囊，假使在树穴内有很深的水囊存在，则应在水囊下端之外的树皮处穿一洞，并插上排水管。由于这排水管所排的是树液，这会使排水管成为真菌、细菌与害虫的滋生地，所以应注意防范。

在树穴整形时，对树穴的边缘应特别注意，因为只有形成层与树皮健康以及留下充分的边材时，才会产生充分的愈合活动。树皮必须用利刃整形，这样才能使被修整部分平滑，被切下的部分应立刻涂上假漆，以防止柔嫩的组织变干。

（四）在树穴内架设支柱

在较大的树穴内应该装架支柱，这样可以使树穴的两侧坚固，同时使树穴内的填充物质更能巩固。

支柱应以下列方法插入树穴之中：支柱插入孔应离健康的边材边缘至少5 cm，支柱的长度与直径应根据树穴大小来考虑。支柱的两端应套上橡皮圈，再用螺丝帽锁住。

（五）消毒与涂装

消毒与涂装的部分包括，在树穴内部用木焦油或硫酸铜溶液（1 kg硫酸铜溶在4 kg水中，硫酸铜溶液必须用木桶盛装）进行消毒处理，再用水泥或白灰进行涂装。

五、支柱与缆绳

用以支撑建筑物的铁杆或木桩叫作支柱，用支柱抚育和保护树木的方法叫作支柱支持法，以钢丝绳做树木人工支持物的方法叫作缆绳支持法。

（一）使用人工支持物的对象

（1）紧V形枝丫。许多树种本身会生成紧V字形枝丫，另一些树木则因幼年未施行修枝导致造成紧V字形枝丫。

当两条树枝紧接在一起时，会妨害这两枝条形成层与树皮的正常发展，甚至因彼此挤压而导致这两枝条的死亡。因此，应设法把紧V字形枝丫改为U字形的枝丫。

（2）断裂的枝丫。如因景观上的需要必须保留断裂的枝丫，则必须用人工支柱的方式防止其继续断裂。

（3）可能断裂的枝丫。许多树种因其枝丫上的叶子太多而木材的材质又太脆弱，可能会使枝丫断裂，因此，需要人工支撑来避免断裂。

（二）支持物的种类

1. 支柱

支柱是由铝合金制成的棍杆或木棍。使用时，有一半木材已腐朽的枝条以及心材全已朽烂，只剩下边材的树穴，可以用支柱支持树木。

2. 钢缆法

钢缆法是用铜皮包的钢缆来固定枝条，共有4种做法。

（1）单向系统，是从一枝条向另一枝条以钢缆相连接。

（2）盒状系统，是把四根枝条以钢缆逐一连接。

（3）轮型系统，是在中间一枝条中装上挂钩，四周四株树枝除依盒状系统互相连接外，也均与中间的枝条相连接。

（4）三角系统，即把每三根树枝用钢缆形成三角形的方式连接起来。

以上4种做法以三角形系统最能支持弱枝。

包铜钢缆通常是装在枝丫交叉点至顶端的三分之二处，挂钩是用来钩住钢缆的，挂钩应采用镀铬钢钩。

六、市区森林病虫害的防治

无论是国内还是国外，城市森林都曾经因病虫害的蔓延而遭受到极大的破坏，比如我国北方城市中曾经暴发流行过的杨柳光肩星天牛危害，美国曾经蔓延过的大规模荷兰榆树病危害，都使几十年的城市绿化成果毁于一旦。因此，病虫害防治是市区森林一项非常重要和关键的抚育保护措施。

市区森林病虫害防治最大的难度就在于由于市区人口稠密，一般对人畜有毒的杀虫、杀菌药物是严格禁止大规模或经常使用的。因此，市区森林病虫害的防治原则是预防第一、控制第二，有效的预防与监测系统就显得更为重要了。以下是市区森林病虫害抚育管理的途径。

（1）建立严格的病虫害检疫制度，植物病虫害检疫就是为防止危险性的病虫害在国际间或国内地区间的人为传播所建立的一项制度。病虫害检疫的任务就是，禁止危险性病虫随动植物或产品由国外输入或由国内输出；将国内局部地区已发生的危害性病虫害封闭在一定的范围内，不使其蔓延；当危险性病虫害侵入新地区时，采取紧急措施就地消灭。

（2）生物防治措施，生物防治技术是当今世界范围内发展迅速且最符合生态学原理的一项治理措施。通常对害虫的生物防治措施包括：引进有害昆虫的天敌或为害虫的天敌创造适宜的生活条件。许多鸟类就是昆虫的天敌。病害的防治一般是利用某些微生物作为工具来防治的。

（3）化学防治措施，病虫害的化学防治是利用人工合成的有机或无机杀虫剂、杀菌剂来防治病虫危害的一种方法，是植物病虫害防治的一个重要手段。它具有适用范围广、收效快、方法简便等特点。特别是在病虫害已经发生时，使用化学药剂往往是唯一能够迅速控制病虫害大范围蔓延的手段。

市场上各种杀虫剂和杀菌剂均有销售，使用方法和原理各不相同。大体上可分为铲除剂、保护剂和内吸剂等，而使用上有种实消毒、土壤消毒、喷洒植物等。

需要注意的是，现在市区环境内，为了减少使用化学药剂可能对环境的影响，一般对使用化学药剂是实行严格控制的。一般在不太严重的情况下，禁止大面积喷洒杀虫剂和杀菌剂，同时高效低毒的药剂也正在逐步代替有残毒危害的药品。

（4）物理防治措施，利用高温、射线及昆虫的趋光性等物理措施来防治病虫害，在某些特殊条件下能收到良好的效果，比如在特定的时期利用黑光灯诱杀某些有害昆虫，对土壤中病菌虫卵采用高温消毒等。

（5）综合防治措施，综合防治就是通过有机地协调和应用检疫、选用抗病品种、林业措施、生物防治、化学防治、物理防治等各种防治手段，将病虫害降低到经济危害水平以下。

第五节　城市防护林的建立

一、绿色植物对环境污染的净化效益

森林是陆地上最大的生态系统，具有保护环境、保持生态平衡的作用。在森林地带，射到森林的太阳辐射绝大部分被树冠吸收，而森林强大的蒸腾作用，使林内在白天和夏季不易增温，到夜间和冬天，林内热量又缓慢散失，所以降低了最高温度和增高了最低气温；另外，林内温度低了，相对湿度就大，森林越多，森林地区及其周围空中湿度就大，降温也就越明显，所以，森林调节小气候的作用是极为显著的。林冠不仅可以阻截15%～40%的降水，而且林下的枯枝落叶层可以阻止雨水直接冲击土壤，阻止地表径流，把地表径流降低到最低程度，起到了涵养水源和防止水土流失的作用。由于森林的存在，可以有效地影响气团流动的速度和方向，林木枝干和树叶的阻挡，有效地在一定距离内降低风速，防止风沙之害。

随着人民物质文化水平的不断提高，人们都希望能在一个风景优美、空气新鲜和清洁、宁静的环境中工作、学习、休息、娱乐和疗养。森林，也只有森林，才能够提供这样一个理想的环境。

二、城市防护林建设的总体要求

一个布局合理的城市防护林，应该具备以下4个条件。

（1）要有足够的绿地面积和较高的绿化覆盖率。一般要求绿化覆盖率应大于城市总用地面积的30%以上，人均公共绿地面积应达到10 m^2以上。

（2）结合城市道路、水系的规划，把所有的绿化地块有机地联系起来，互相连接形成完整的绿带网络，而各种绿地都具备合理的服务半径，达到疏密适中，均匀分布。

（3）要有利于保护和改善环境。在居民居住区与工矿区之间，要设置卫生防护林；在城市设立街路绿地，城市周围建立防风林；在江、河两岸设立带状绿地或带状公园，建设护岸林、护堤林；在丘陵区建设水土保持林和水源涵养林；使市区的各功能分区用绿带分隔，对整个市区环境起到保护和改善的作用。

（4）选择适应性强的绿化植物。要因地制宜地选择绿化树种及草种，做到适空适树、适地适树、适地适草，以最大限度达到各种绿地的净化功能。同时，要通过丰富的植物配置和较高的艺术装饰达到美化环境的要求。

三、城市防护林的组成

城市防护林是具有多种不同防护功能的块状、片状和带状绿地。大体上可以分以下几类：防风固沙林，毒、热防护林，烟尘防护林，噪声防护林，水源净化林，水源涵养林，农田防护林，水土保持林，等等。毒、热防护林，烟尘防护林，噪声防护林也可合称为卫生防护林。

（一）防风固沙林

防风固沙林主要是防止大风以及其所夹带的粉尘、沙石等对城市的袭击和污染。同时也具有可以吸附市内扩散的有毒、有害气体对郊区的污染以及调节市区的温度和湿度的作用。

（二）卫生防护林

城市上空的大气污染源主要来自城市的工矿企业。由于落后的生产工艺，在生产过程中散发出大量的煤烟粉尘、金属粉末，并夹杂着一定浓度的有毒气体。按照对城市环境污染改造和治理的要求，充分运用乔木、灌木和草类能起到过滤作用，减少大气污染，同时能吸收同化部分有毒气体的性能，在工业区和居民生活区之间营造卫生防护林是很重要的一个措施。

四、防护林的建设

要搞好防护林的绿化，一定要依据适地适树的原则，做到因地制宜。所谓适空、适地，即要了解清楚绿化地的土壤情况、地势的高低、地下水位的深浅、风向及风向频率、空气中含有的有害气体情况等。根据这些条件的情况，选择适宜的防护林造林树种，确定防护林带的走向、结构、主副林带的宽度、带间距离、建设规模和林带株行距等。

由防护林带结构决定，在进行树种选择时还应考虑到乔、灌、草的合理配置，尤其是疏透式结构和紧密式结构的树种选择，既要选择阳性树种，又要配备乔木下种植的耐阴灌木，甚至再种植第三层低矮的地被植物或草坪植物，形成多层次的绿化结构。在进行树种选择时，还要尽可能做到针、阔混交或常绿植物和落叶植物的混交，形成有层次的混交林带，尤其在北方地区，往往是春季干旱、多风的气候特征，针、阔混交的防护林带，可以提高春季多风季节的防风效果。

栽植防护林的季节也应该因地制宜。在北方地区，一般应在树木进入冬季休眠期后，只要避开严寒的天气，均可以种植。在冬季土壤不冻结的地方，可进行秋季造林。但不管是何时造林，都必须保证土壤有充足的水分。

第六节　国家森林公园

一、国家森林公园的概念

国家森林公园是保护区类型中发展到较高阶段的一种自然保护区。森林公园是一以大面积的森林和良好的森林植被覆盖为基础，以森林为主要景观，兼有其他某些富有特色的自然景观和人文景观，具有多种功能和作用的地域综合体。它还是一个拥有众多物种基因库，为科学地研究自然科学、环境科学、人类科学和美学提供基地，其自然景观又给人以美的享受。森林公园是属于自然保护区体系中的一种类型。

二、森林公园的分类

（一）按资源性质分

1. 自然景观类

以自然地貌和动植物资源为内涵的森林公园。如有“泰山之雄、华山之险、峨眉之秀、黄山之奇”，森林覆盖率在98%的绿色宝库和天然动物园的张家界国家森林公园；由岛屿组成，独具湖光山色、森林茂密、湖水碧绿的千岛湖国家森林公园；有景色迷人、山清水秀、森林密布的九寨沟国家森林公园。

2. 人文景观类

以人文景观为主、自然景观为辅的森林公园，如有庙宇22处、古遗址97处、碑碣819块、摩崖石刻1018处，历代宗教名流、文人墨客和帝王登山游览的泰山国家森林公园。

（二）按管理职能分

1. 国家级森林公园

科学、文化、观赏价值高，地理位置具有一定的区域代表性，有较高的知名度，如广西桂林国家森林公园。

2. 省级森林公园

科学、文化、观赏价值较高，在本省行政区划内具有代表性，有一定的知名度，如福州的灵石山国家森林公园。

3. 市、县级森林公园

森林资源具有一定的科学、文化和观赏价值，在当地具有较高的知名度。

三、森林公园的设计区划

（一）宏观设计区划

森林公园按其保护资源性质和景观开发的任务，其宏观设计区划一般都有两个区带或三个区带。

1. 景区

景区是森林公园的主要内涵，是核心区或精华区，是重点保护和开发利用的对象，该区有：

（1）植物景观区。

（2）动植物景观区。

（3）自然景观综合区。

（4）人文景观区。

（5）待开发的景观区。

2. 景区外围保护带

这种保护带随着景点集中或分散都有它的存在，但通常不作区划，只根据景点面积的大小划定带的宽度。

3. 周边地带

这是景区外围地段，根据景点集中或分散，划分整齐或宽窄不一的较大面积区域，在其中可组织安排一些小区或小景点。

（1）生态保护地段。

（2）游憩点。

（3）休养区。

（4）文体娱乐区。

（二）微观设计区划

微观设计区划是为了全面掌握森林公园的资源数量和质量，针对局部资源性质设计区划保护利用的管理措施，然后汇总全区的分类保护管理任务和建立资源档案，以便查证资源今后的变化状况或控制资源朝着有利于森林公园可持续发展的方向变化。因此，在宏观设计区划的基础上，进一步进行景区的林班、区班或景班的区划，再在其中划分小班或小景班。

森林公园一般不进行人工营造植被，通常是采取保护和封禁，通过自然力来恢复当地的自然群落。诚然，如需加速形成自然森林群落的过程，也可采取适当的人工更新或人工促进天然更新的方式进行。但这必须建立在对当地森林群落结构、演替过程了解的基础上。在森林公园设计、建设的过程中，要尽可能地维护和提高不同层次水平的生物多样性。

四、国家森林公园的建立与管理

（一）国家森林公园的建园依据与标准

我国幅员辽阔，自然地理条件复杂，气候变化多端，动植物资源丰富，并有许多闻名世界的珍奇物种。森林、草原、水域、湿地、荒漠、海洋等各种类型繁多，同时有许多自然历史遗迹和文化遗产。它们的存在，为我国建立国家森林公园奠定了良好的基础，建园可依据自然保护对象分别进行。

国家森林公园建园的一般标准包括以下几点。

（1）区域内野生生物资源（包括微生物、淡水和咸水水生动物、陆生和陆栖动植物、无脊椎动物、脊椎动物）和这些动植物赖以生存的生态系统和栖息地，应得到完整的保护。

（2）区域内自然资源（包括非生物的自然资源，如空气、地貌类型、水域、土壤、矿物质、泉眼或瀑布等）应得到完整的保护。

（3）具有美学价值和适于游憩的景观应得到完整的保护。

（4）应消除各种存在于该区域的威胁、破坏与污染。

（二）国家森林公园的区划与管理

国家森林公园实行区域划分，受保护的地带面积应在1000公顷以上（经营区和游览区不在此内）。根据各自不同的景观和物种特点，将国家森林公园划分为特别保护区、自然区、科学试验区、缓冲区、参观游览区、公益服务区等不同区域，各个区域按不同的功能和要求进行设计与建设。特别保护区内禁止搞一切设施建设；自然科学试验区不搞大的设施建设；游览区和公益服务区的建筑房屋应与自然环境和谐一致、融为一体，突出自然的特点。

（1）国家森林公园管理机构应具有对国家区域内一切自然环境和自然资源行使全面管理的职权，其他单位和部门应予以理解和支持。

（2）管理机构应按国家森林公园的宗旨和要求进行管理，不得曲解和偏离。

（3）管理机构应协调好与当地居民的关系，尽可能向他们提供与建设国家森林公园有关的就业机会和劳务工作。

（4）国家森林公园管理机构应与研究机构、大学和其他科研组织进行合作，对在国家森林公园内进行的科学研究给予支持并实施有效的管理，同时向社会公众宣布和解释科学研究的意义和科研成果。

（5）国家森林公园管理机构应对在国家森林公园内开展的旅游活动和规模进行有效的管理，并通过科学的统计和分析，提出控制旅游的时间和人数及开放的季节，以确保国家森林公园不被其干扰和破坏。

第七节　城市以外森林营造

一、远郊森林类型与特点

远郊森林从类型上说主要包括两类，一类是自然保护区，另一类就是国家森林公园。

（一）自然保护区

1. 自然保护区的概念及其意义

自然保护是对人类赖以生存的自然环境和自然资源进行全面的保护，使之免于遭到破坏，其主要目的就是要保护人类赖以生存、发展的生态过程和生命支持系统（如水、土壤、光、热、空气等自然物质系统，农业生态系统、森林、草原、荒漠、湿地，湖泊、高山和海洋等生态系统），使其免遭退化、破坏和污染，保证生物资源（水生，陆生野生生物和人工饲养生物资源）的永续利用，保存生态系统、生物物种资源和遗传物质的多样性，保留自然历史遗迹和地理景观（如河流、瀑布、火山口、山脊山峰、峡谷、古生物化石、地质剖面、岩溶地貌、洞穴及古树名木等）。

建立自然保护区是为了拯救某些濒临灭绝的生物物种，监测人为活动对自然界的影响，研究保持人类生存环境的条件和生态系统的自然演替规律，找出合理利用资源的科学方法和途径。因此，建立自然保护区有如下重要意义。

（1）展示和保护生态系统的自然本底与原貌。

（2）保存生物物种的基因库。

（3）科学研究的天然试验场。

（4）进行公众教育的自然博物馆。

（5）休闲娱乐的天然旅游区。

（6）维持生态系统平衡。

2. 自然保护区的设置

自然保护区设置的原则主要包括自然保护区的典型性、稀有性、自然性、脆弱性、多样性和科学性等方面。

3. 自然保护区设计的主要任务

（1）自然保护区通常由核心区、缓冲区和试验区组成，这些不同的区域具有不同的功能，自然保护区设计的首要任务就是要把自然保护区域按不同作用与功能划分地段，进行自然保护区的功能区划，并确定每一功能区必要的保护与管理措施。

（2）编制自然保护区内图面资料，如地形图、地质地貌图、气候图、植被图、有关文字资料等；建立自然年代记事册，观察记载保护对象的生活习性及其变化情况。

（3）配置一定的科研设备，包括有关的测试仪器、实验室、表册图片等，与有关大学或科研机构开展多学科的合作研究。

（4）根据自然保护区的旅游资源和自然景观的环境容量，确定自然保护区单位面积合理的和可能容纳的参观旅游人数，控制人为对生态系统及自然景观的干扰与破坏。

（二）国家森林公园

关于国家森林公园的相关内容可以参考本章第三节相关内容，这里不再重复赘述。

二、近郊森林类型与特点

近郊森林是指城市周围（城乡接合部）建设的以森林为主体的绿色地带。就我国城市近郊森林类型分析，主要是以防护林为主的防风林带、以水土保持为主的城郊水土保持林、以涵养水源为主的水源涵养林，还有近郊人工种植或天然遗留下来的带状或丛状小面积片林（隔离片林）以及人为设置的各种公园、休闲娱乐设施中的林木。这些绿带既可改善生态环境，为市区居民提供野外游憩的场所，又可作为城乡接合部的界定位置，控制城市的无序发展，其功能是多方面的。

（一）防风林

近郊防风林是在干旱多风的地区，为了降低风速、阻挡风沙而种植的防护林。防风林的主要作用是降低风速、防风固沙、改善气候条件、涵养水源、保持水土，还可以调节空气的湿度、温度，减少冻害和其他灾害的危害。

（二）水土保持林

近郊水土保持林是指按照一定的树种组成、一定的林分结构和一定的形式（片状、块状、带状）配置在水土流失区不同地貌上的林分。

由于水土保持林的防护目的和所处的地貌部位不同，可以将其划分为分水岭地带防护林、坡面防护林、侵蚀沟头防护林、侵蚀沟道防护林、护岸护滩林、池塘水库防护林等。

（三）水源涵养林

水源涵养林是指以调节、改善水源流量和水质的一种防护林类型，也称水源林。作为城市森林的主要部分，水源涵养林属于保持水土、涵养水源、阻止污染物进入水系的森林类型，主要分布在城市上游的水源地区，对于调节径流，防止水、旱灾害，合理开发、利用水资源具有重要意义。水源涵养林主要通过林冠截留、枯枝落叶层的截持和林地土壤的调节来发挥其水土保持、滞洪蓄洪、调节水源、改善水质、调节气候和保护野生动物的生态服务功能。

（四）风景游憩林

一般来说，风景林是指具有较高美学价值并以满足人们审美需求为目标的森林，游憩林是指具有适合开展游憩的自然条件和相应的人工设施，以满足人们娱乐、健身、疗养、休息和观赏等各种游憩需求为目标的森林。虽然风景林和游憩林在主导功能上有区别，但通常森林既能满足人们的审美需求又能满足综合游憩需求，人们常把这样的森林总称为风景游憩林。

三、郊区森林的营造

（一）远郊自然保护区和国家森林公园森林的营造

由于自然保护区和国家森林公园距离城市较远，同时植被多为天然植被，因此，一般情况下在自然保护区和国家森林公园内的森林不需要进行人工造林。但是，由于近年来城市居民对于回归大自然的渴望，到自然保护区或国家森林公园进行休假或旅游的人数不断增加。因此，在国家森林公园或自然保护区内有计划地开辟一些供游人娱乐、休息和体育活动的场所、野营休闲地和必要的相关设施，已成为这些远郊森林地区整体规划的一个部分。由此在自然保护区或国家森林公园内外栽植一些观赏性强、美观或具有强烈绿荫效果的林木已成为一种重要的补植手段。

（二）近郊森林的营造

近郊森林的类型是多种多样的。但从主体上讲，主要有四大类型；一是防护林（如防风林、防污减噪林等）；二是水土保持林；三是水源涵养林；四是风景游憩林，主要包括近郊公园（如水上公园，森林公园、纪念性游园，以及各种文化景点等）。对于不同的近郊森林类型，其造林技术是有差异的。

1. 近郊防风林的营造

城市近郊防风林的营造，关键的技术措施是选择造林树种，并且配置和设计具有不同走向、结构及透风系数的防风林带。一般的城市防风林都是呈带状环绕在市区和郊区的接合部，而有害风的风向每个城市都不尽相同，因此，防风林带的设置就应当与当地主害风风向垂直。对于我国北方城市，一般冬春季是大风季节，而且盛行风向大多为西北风。因此，在这些城市中防风林带主要应设置在城市的西北部，并且与主害风方向垂直。树种选择也应最好选用常绿的松柏类树种，因其冬季不落叶、防风阻沙能力较好。

一般北方地区近郊防风林带选用的树种有沙枣、小叶杨、青杨、二白杨、新疆杨、白榆、旱柳、樟子松、油松等。

2. 水土保持林的营造

近郊区与市区相比，虽然人为活动的影响程度有所降低，但与远郊森林类型相比较，人类生产活动对它的影响仍然是很大的。如果破坏了原有植被，易引起水土流失，特别是坐落在山区或者有一定坡度的城市，这种水蚀现象就更为严重。而营造水土保持林是解决市郊水土流失问题的关键所在。水土保持林在北方地区常用的造林树种有油松、沙棘、锦鸡儿、紫穗槐、旱柳等。

3. 水源涵养林的营造

水源涵养林的主要营造技术包括树种选择、林地配置等内容。

（1）树种选择和混交：在适地适树原则指导下，水源涵养林的造林树种应具备根量多、根域广、林冠层郁闭度高、林内枯枝落叶丰富等特点。因此，最好营造针阔混交林，其中除主要树种外，要考虑合适的伴生树种和灌木，以形成混交复层林结构。同时选择一定比例的深根性树种，加强土壤固持能力。在立地条件差的地方，可考虑以对土壤具有改良作用的豆科树种作为先锋树种；在条件好的地方，则要用速生树种作为主要造林树种。

（2）林地配置和造林整地方法：在不同气候条件下采取不同的配置方法。在降水量多、洪水危害大的河流上游，宜在整个水源地区全面营造水源林。为了增加整个流域的水资源总量，一般不在干旱、半干旱地区的坡脚和沟谷中造林，因为这些部位的森林能把汇集到沟谷中的水分重新蒸腾到大气中去，减少径流量。总之，水源涵养林要因时、因地设置。水源林的造林整地方法与其他林种无太大区别。

4. 近郊风景游憩林的营造

森林游憩就是在森林的环境中游乐与休憩，森林植被景观是旅游基本诸要素中游客访问的主要客体，同时也是对游憩的舒适度影响最广泛的因素，而近郊风景游憩林主要就是为城市居民提供森林游憩、观光、度假等服务功能。所以，可以通过营造、更新与抚育来全面改进风景游憩林的森林景观，以良好的、有地方特色的植物及森林景观来吸引游客。同时，通过营造、更新与抚育来提高森林健康水平和预防病虫害能力，这对增强森林自身的吸引力以及促进森林游憩业的蓬勃发展具有十分重大的意义。

四、郊区森林的抚育与管理

（一）远郊森林的抚育与管理

自然保护区或国家森林公园的森林抚育与保护措施主要是对这些地区的森林管理问题，抚育措施与一般天然森林相同。对植被已发生退化的地段，采用封育措施进行抚育与保护。封育的具体实施过程如下。

（1）划定封育范围，或规划封育宽度。

（2）建立保护措施，在封育区边界上建立网围栏、枝条栅栏、石墙等。

（3）制定封禁条例。

对天然更新良好的自然保护区和国家森林公园的森林可采用渐伐、择伐、疏伐等方式进行抚育，以促进森林可持续发展，同时还能生产一定的木材，获得部分经济效益。

自然保护区和国家森林公园管理与保护的好坏，标志着一个国家在自然保护领域的科学技术、管理人员素质、管理措施和手段以及宣传教育等方面的水平高低，也反映出国家和社会公众对自然保护的重视程度。每一个自然保护区和国家森林公园都应认真详细地制订各自的管理计划。按管理计划来行使对自然保护区和国家森林公园的管理。管理计划一经上级批准后，即成为自然保护区和国家森林公园管理机构一定时期内管理的准绳。自然保护区和国家森林公园管理机构应向公众阐明管理计划内容，以便让公众进行监督。

（二）近郊森林的抚育与管理

近郊森林无论是防护林、水土保持林、水源涵养林还是各种风景园林的林木，除少数特殊情况（如城市郊区本身就是天然森林分布）外，一般都属于人工林。因此，适用于人工林抚育管理的各项管理措施，均适用于城市近郊森林的抚育和管理，目前生产实践中主要的管理措施如下所述。

1. 林地的土壤管理

林地的土壤管理主要包括灌溉、施肥、中耕除草、培垄等技术措施。

（1）灌溉管理一般城郊地区都具备各种灌溉条件，为了确保市郊森林的成活和保存，应当进行适当的灌溉。在降水丰沛的城市地区，一般只在造林时灌溉一次。但在干旱、半干旱的缺水城市地区，则应根据气候状况、土壤水分状况等进行定期或不定期的灌溉。灌溉方式主要有漫灌、渠灌、喷灌、滴灌、渗灌等，在有条件的城市地区，最好能采用比较节水的灌溉方式，如喷灌、滴灌、渗灌等。

（2）施肥管理对于市郊各种类型的森林生长发育都有很重要的作用，它可以促进林木生长发育，缩短成材年龄，提前发挥森林的各种效益，特别是对于郊区的果园和其他经济林木，施肥是一项不可缺少的抚育管理措施。

（3）中耕除草作用有两方面。一是松土，改善林地土壤的通气条件，有利于林木根系生长发育，促进林木生长。二是除草，消除杂草对林木在光照、养分等方面的不利竞争，为林木生长提供更好的生长环境。除草的主要方式有人工除草、机械除草和化学除草等方式。

（4）培垄就是在幼树中沿栽植行将土培于幼树根际周围，使呈垄状，其优越性是垄沟可蓄水保墒，垄梗可扩大幼树林下空间营养面积，促进不定根生长。培垄时间应在雨季之前进行。

2. 树体管理

树体管理的主要措施是修枝。修枝时间应在幼树郁闭成林后进行，一般是为了控制侧枝的生长。修枝方法主要有以下几点。

（1）促主控侧法：此法适用于侧枝较多、枝条较旺的树种，如榆树、杨树等，主要是除掉过多的或者衰弱的枝条。

（2）针叶树修枝：一般在造林5年后进行，这时生长变快，第一次修枝后，隔4～5年再修一次，每次从基部往上修去侧枝1～2轮。对双尖树，要去弱留强，对下层枝强的树要修下促上。

（3）树冠整形修枝法：主要是针对观赏树木的一种修枝方法，树冠整形，要做到适量适度，并且要能够使树冠形成良好的形态和结构。

3. 林分保护管理

（1）林木病虫害的防治：具体防治措施与市区森林病虫害防治方法相同。

（2）气象灾害的防治：主要防止冻拔、雪折、风倒、日灼等。防治风倒的方法是栽植时踏实，防治手段可以通过深植或埋土予以解决。防止雪折的方法是营造混交林。

（3）人畜危害的防治：人畜对森林的危害既是技术问题，也是社会问题。

解决的办法是全面区划、综合治理。建立健全护林组织，加强法治。在技术措施上可采取围栏保护的方法等。

（4）防火：各种郊区森林主管单位均应建立健全护林防火组织，制定防火制度，严格控制火源。林内制高点架设瞭望塔并设立防火道，当发现火源时及时向上级报告并组织灭火。

第四章　园林景观工程的设计元素

园林景观工程的设计元素多种多样，它们相互作用、相互影响，共同构成了一个完整的园林景观。在设计过程中，要注重各个元素的特性和功能，合理搭配、运用它们，营造出具有特色的园林景观。本章分析地形、水体与植物景观，园林建筑与小品景观，园路与园桥景观。

第一节　地形、水体与植物景观

一、地形景观

地形或称地貌，是地表的起伏变化，也就是地表的外观。园林主要由丰富的植物、变化的地形、迷人的水景、精巧的建筑、流畅的道路等园林元素构成，地形在其中发挥着基础性的作用，其他所有的园林要素都承载在地形之上，与地形共同协作，营造出宜人的意境。因此，地形可以看成园林的骨架。

（一）地形的类别

地形可以通过各种途径加以归类和评估，如规模、形态、坡度、地质构造等。从地形的规模大小来看可分为大地形、小地形、微地形。大地形是指大规模的地形变化。从风景区、大范围的土地范围来讲，地形的变化是复杂多样的，包含高山、高原、盆地、草原、平地等大规模的地形变化。小地形是指小规模、小幅度的地形变化，如土丘、台地、斜坡、平地或因台阶、坡道引起的变化的地形。规模且起伏最小的地形叫“微地形”，它主要指草地的微弱起伏。下面主要从地形的形态来进行分类，根据其是规则形还是自然形可分为自然式地形、规则式地形。

1. 自然式地形

自然式地形在园林设计当中常见的形式有自然式的凹地形、山谷、坡地、凸地形、山脊和平坦地形等类型。

（1）凹地形

凹地形就是中间低、四周高的洼地。它给人隐蔽、私密、内向等感觉，人们的视线容易集中在空间之内，因而这种地形往往是理想的观演区，底层是表演者的舞台，而四周的斜坡是很好的观众场地。凹地具有一些不好的特点，如容易积水、比较潮湿。

（2）凸地形

凸地形的表现形式有山峰、山丘、山包等。它具有抗拒重力而代表权力和力量的特征。它是一种正向实体，同时是一种负向的空间。处于凸地形的顶部，会得到外向性的视野，又有一种心理上的优越感。

另外，如果人从低处向高处看凸地形，容易产生一种仰止的心理，因此，凸地形在景观中可以作为焦点或者起支配地位的要素，人们经常看到很多较重要的建筑物往往被放置于凸地形的顶端。

（3）山谷

两山之间狭窄低凹的地方称为山谷。山谷一般只有来自两个方向的围合，因此具有一定的方向性和开放性。其谷底线是山体的排水线所在地，容易形成自然的溪流，暴雨时易形成洪水。因此，如果要在山谷进行开发，不宜在谷底，只宜在山谷两侧的斜坡上。

（4）山脊

山脊与凸地形较为相似，最主要的差异是山脊是线状的，两者在设计上具有很多的相似点。山脊的独特之处是它的动势感和导向性，加上视野开阔，人们很容易被山脊吸引而沿着山脊移动。因此，山脊线很受设计师重视，道路、建筑往往会沿山脊线布局。

（5）斜坡

斜坡是指具有一定倾斜坡度的地形。由于地表是倾斜的，它给人极强的方向性。

如果斜坡的视野开阔，人们喜欢在此静躺、远眺、遐想。

由于人的视域的特征，斜坡又是一个很好地展示景物的地方。

如果斜坡的坡度很大，则会给人一种不稳定感。一般而言，斜坡的坡度最大不能超过2∶1，否则就要采取必要的工程措施。再者，坡度过大时对人的活动及交通都有很大的影响，这时应该设置台阶。

（6）平坦地形

平坦地形指地表基本上与水平面平行的地形。但室外环境中没有所谓的真正平地，大多因为需要保持一定的排水坡度而有轻微的倾斜。这种地形，一方面没有明显的高差变化，视线不受遮挡，给人一种开阔空旷的感觉；另一方面，它具有与地球引力效应相均衡的特性，给人极强的稳定感，是理想的站立、聚会、坐卧、休息的场所。

一些水平线要素特征明显的物体很容易与平坦的地形相协调，处理得好，还能提高和增加该地形的观赏特性。相反，垂直线要素特征明显的物体会成为突出的视觉焦点。

2. 规则式地形

规则式地形在园林设计当中常见的形式有规则的下沉式广场、上升式台地、平地和台阶等类型。

（1）下沉式广场

下沉式广场是通过踏步将高度降低，从而形成四周高中央低的广场。这样的话，既能增加空间的变化，又能起到限制人的活动的作用，还能够为周围的空间提供一个居高临下的视觉条件。

（2）上升式台地

有时候景观设计师通过踏步将地形做成上升式的台地，其灵感大概是来源于美妙的乡村梯田景观。由于有一定的高度，上升台能像雕塑一样矗立在场地中成为一景。上升式台地的形状有半圆形、半椭圆形、条带形、正方形、多边形等形式。

（3）台阶

台阶一般在有高差的地方出现，当然也有可能是斜坡。它既能满足功能上的要求，也具有比较好的美学效果。特别是在一些滨水地带，这种台阶是水域和陆面的边缘地段，非常能够吸引人去休息和停留。

（4）平地

规则式地形中的平地与自然式地形的平地有一些差别。自然式地形的平坦地形多是草坪。规则式平坦地形多是指硬质场地内的平坦地，这种地形在城市广场出现得比较多，有利于开展较大型的活动或聚会。

（二）地形的主要功能

地形在园林设计中的主要功能有如下方面。

第一，分隔空间。可以通过地形的高差变化来对空间进行分隔。例如，在一平地上进行设计时，为了增加空间的变化，设计师往往通过地形的高低处理，将一大空间分隔成若干个小空间。

第二，改善小气候。从风的角度而言，可以通过地形的处理来阻挡或引导风向。凸面地形、瘠地或土丘等，可用来阻挡冬季强大的寒风。在我国，冬季大部分地区为北风或西北风，为了能防风通常把西北面或北部处理成堆山，而为了引导夏季凉爽的东南风，可通过地形的处理在东南面形成谷状风道，或者在南部营造湖池，这样夏季就可利用水体降温。从日照、稳定的角度来看，地形产生地表形态的丰富变化，形成了不同方位的坡地。不同角度的坡地接受太阳辐射、日照长短都不同，其温度差异也很大。如对于北半球来说，南坡所受的日照要比北坡充分，其平均温度也较高；而在南半球，则情况正好相反。

第三，组织排水。园林场地的排水最好是依靠地表排水，通过巧妙的坡度变化来组织排水的话将会以最少的人力、财力达到最好的效果。较好的地形设计，是在暴雨季节，大量的雨水也不会在场地内产生淤积。从排水的角度来考虑，地形的最小坡度不应该小于5%。

第四，引导视线。人们的视线总是沿着最小阻力的方向通往开敞空间。可以通过地形的处理对人的视野进行限定，从而使视线停留在某一特定焦点上。长沙烈士公园为了突出纪念碑，运用的就是这种手法。

第五，增加绿化面积。显然，对于同一块底面面积相同的基地来说，起伏的地形所形成的表面积比平地的会更大。在现代城市用地非常紧张的环境下，在进行城市园林景观建设时，加大地形的处理量会十分有效地增加绿地面积。并且由于地形所产生的不同坡度特征的场地，为不同习性的植物提供了生存空间，丰富了人工群落生物的多样性，从而可以加强人工群落的稳定性。

第六，美学功能。在园林设计创作中，有些设计师通过对地形进行艺术处理，使地形自身成为一个景观。再如，一些山丘常常被用来作为空间构图的背景。颐和园内的佛香阁、排云殿等建筑群就是依托万寿山而建。它是借助自然山体的大型尺度和向上收分的外轮廓线给人一种雄伟、高大、坚实、向上和永恒的感觉。

第七，游憩功能。例如，平坦的地形适合开展大型的户外活动；缓坡大草坪可供游人休憩，享受阳光的沐浴；幽深的峡谷为游人提供世外桃源的享受；高地又是观景的好场所。另外，地形可以起到控制游览速度与游览路线的作用，它通过地形的变化，影响行人和车辆运行的方向、速度和节奏。

二、水体景观

“自古以来水就经常运用在园林景观设计中，能够从视觉上拓展空间，衬托景物的整体美感，塑造园林景区的生态平衡。”①从人们的生产、生活来看，水是必需品之一；从城市的发展来看，最早的城镇建筑依水系而发展，商业贸易依水系而繁荣，至今水仍是决定一个城市发展的重要因素；在园林设计当中，水凭借其特殊的魅力成为非常重要的一个要素。人们需要利用水来做饭、洗衣服。人们需要水，就像需要空气、阳光、食物和栖身之地一样。

（一）水的美学特征

水体本身具有以下美学特征。

第一，形态美。水本身没有形态，它的形态由容纳它的器物所决定，因而它可以呈现千变万化的形态，而不同形态的水体给人的审美感受也不同，如方形的水体给人感觉是规规矩矩，而自然形的水体给人的感觉是生动无拘。

①章祺康.水景在园林景观中的应用[J].现代园艺，2023，46（17）：112-114，117.

第二，动静美。水又有动水和静水之分，在自然界中，河流、溪流、瀑布表现为动态的美，动态的水让人思绪纷飞；而湖泊、池等则表现为静态的美，静态的水很容易让人平静而陷入沉思。

第三，水声美。河流、溪流产生的潺潺流水声，让人感到平和舒畅，而瀑布的轰鸣声则使人感到情绪澎湃。

第四，色泽美。水体本身是无色的，它映射天空的颜色，通常呈现天空的蓝色，清晨或傍晚时分，会呈现彩霞的橙色，而当微风吹起时，则又波光粼粼。

第五，触感美。水通常给人以冰凉、柔润的触感美，让人舒服至极。

第六，倒影美。水面能镜像岸边的景物形成倒影，虚幻的倒影更加增添水体的清澈灵动美。

（二）水体的主要功能

第一，美学功能。水具有形态美、动静美、水声美、色泽美、触感美、倒影美。水体就是凭借它的这些美学特征在景观当中发挥着重要的美学作用。

第二，改善环境。水体有改善环境的重要功能。水对微气候有一定的调节功能，水体达到一定数量、占据一定空间时，由于水体的辐射性质、热容量和导热率不同于陆地，从而改变了水面与大气间的热交换和水分交换，使水域附近气温变化和缓、湿度增加，导致水域附近局部小气候变得更加宜人，更加适合某些植物的生长。通常在水边和汇水域中植被更为茂密，而湖岸、河流边界和湿地往往一起形成了鸟类和动物的自然食物资源和栖息地。水体还可以用来隔离噪声，例如，瀑布的轰鸣声就可以用来掩盖周围嘈杂的噪声。另外，自然界各种水体本身都有一定的自净能力，即进入水体中的污染物质的浓度，将随时间和空间的变化自然降低。

第三，提供娱乐条件。水体还可以为娱乐活动和体育竞赛提供场所，如划船、龙舟比赛、游泳、垂钓、漂流、冲浪等。

（三）水体景观的设计

1. 静止水

依据容体的特性和形状，水体景观可分为规则式水池和自然式水池。

（1）规则式水池

规则式水池是指水池边缘轮廓分明，如圆形、方形、三角形和矩形等典型的纯几何图形，或者这些基本几何形的结合而形成的水池。在西方的古典园林中，规则式水池居多，如凡尔赛宫的水池。

（2）自然式水池

静止水的第二种类型是自然式水池。与规则式水池相比，它的岸线是比较自然的。中国的传统私家园林的水景基本上是自然式水池。

2. 流水

溪流是指水被限制在坡度较小的渠道中，由于重力作用而形成的流水。溪流最好是作为一种动态因素，来表现其运动性、方向性和活泼性。在进行流水的设计时，应该根据设计的目的，以及与周围环境的关系，来考虑怎样利用水来创造不同的效果。流水的特征，取决于水的流量、河床的大小和坡度，以及河底和驳岸的性质。

要形成较湍急的流水，就得改变河床前后的宽窄，加大河床的坡度，或河床用粗糙的材料建造，如卵石或毛石，这些因素阻碍了水流的畅通，使水流撞击或绕流这些障碍，从而形成了湍流、波浪和声响。

3. 瀑布

瀑布是流水从高处突然落下而形成的。瀑布的观赏效果比流水更丰富多彩，因而常作为环境布局的视线焦点瀑布可以分为三类：自由落瀑布、叠落瀑布、滑落瀑布。

（1）自由落瀑布

顾名思义，这种瀑布是不间断地从一个高度落到另一个高度。其瀑布的特性取决于水的流量、流速、高差以及瀑布口边的情况。各种不同情况的结合能产生不同的外貌和声响。在设计自由落瀑布时，要特别研究瀑布的落水边沿，才能达到所预期的效果，特别是当水量较少的情况下，边沿不同，产生的效果也就不同。完全光滑平整的边沿，瀑布就宛如一匹平滑无皱的透明薄纱，垂落而下。边沿粗糙时水会集中于某些凹点上使得瀑布产生皱褶。当边沿变得非常粗糙而无规律时，阻碍了水流的连续，便产生了白色的水花。

自由落瀑布在设计中例子很多，如赖特设计的流水别墅等。有一种很有意思的瀑布叫作水墙瀑布，是由瀑布形成的墙面。通常用泵将水打上墙体的顶部，而后水沿墙形成连续的帘幕从上往下挂落，这种在垂面上产生的光声效果是十分吸引人的。

（2）叠落瀑布

瀑布的第二种类型是叠落瀑布，是在瀑布的高低层中添加一些平面，这些障碍物好像瀑布中的逗号，使瀑布产生短暂的停留和间隔。叠落瀑布产生的声光效果，比一般的瀑布更丰富多变，更引人注目。控制水的流量、叠落的高度和承水面，能创造出许多有趣味和丰富多彩的观赏效果。合理的叠落瀑布应模仿自然界溪流中的叠落，要显得自然。

（3）滑落瀑布

水沿着一斜坡流下，这是第三种瀑布类型。这种瀑布类似于流水，其差别在于较少的水滚动在较陡的斜坡上。对于少量的水从斜坡上流下，其观赏效果在于阳光照在其表面上显示出的湿润和光的闪耀，水量过大，其情况就不同了。斜坡表面所使用的材料影响着瀑布的表面。在瀑布斜坡的底部由于瀑布的冲击而会产生涡流或水花。滑落瀑布与自由落瀑布和叠落瀑布相比，趋于平静和缓。

4. 喷泉

在园林景观设计中，水的第四种类型是喷泉。喷泉是利用压力，使水从喷嘴喷向空中，经过对喷嘴的处理，可以形成各种造型。而且可以湿润周围空气，减少尘埃，降低气温。喷泉的细小水珠同空气分子撞击，能产生大量的负氧离子。因此，喷泉有益于改善城市面貌，提高环境质量。喷泉大体上可分为：普通装饰型喷泉、与雕塑结合的喷泉、水雕塑自控喷泉等类型。

三、植物景观

植物是一种特殊的造景要素，最大的特点是具有生命，能生长。它种类极多，从世界范围看植物超过30万种，它们遍布世界各个地区，与地质地貌等共同构成了地球千差万别的外表，它有很多种类型，常绿、落叶针叶、阔叶、乔木、灌木、草本。植物大小、形状、质感花及叶的季节性变化各具特征。因此，植物能够造就丰富多彩、富于变化、迷人的景观。植物还有很多其他的功能作用，如涵养水源、保持水土、吸尘滞埃、构建生态群落、建造空间、限制视线等。尽管植物有如此多的优点，但许多外行和平庸的设计人员却仅仅将其视为一种装饰物，结果，植物在园林设计中，往往被当作完善工程的最后因素。这是一种无知、狭隘的思想表现。一个优秀的设计师应该熟练掌握植物的生态习性、观赏特性以及它的各种功能，只有这样才能充分发挥它的价值。植物景观牵涉的内容太多，需要系统地学习。

（一）植物的大小

由于植物的大小在形成空间布局上起着重要的作用，因此，植物的大小是在设计之初就要考虑的。植物按大小可分为大中型乔木、小乔木、灌木、地被植物四类。不同大小的植物在植物空间营造中也起着不同的作用。如乔木多是做上层覆盖，灌木多是用作立面“墙”，而地被植物则是多做底。

第一，大中型乔木。大中型乔木在高度一般在6米以上，因其体量大，而成为空间中的显著要素，能构成环境空间的基本结构和骨架，常见大中型植物有香樟、榕树、银杏、鹅掌楸、枫香、合欢、悬铃木等。

第二，小乔木。高度通常为4～6米。因其很多分枝是在人的视平线上，如果人的视线透过树干和树叶看景的话，能形成一种若隐若现的效果。常见的该类植物有樱花、玉兰、龙爪。

第三，灌木。灌木依照高度可分为高灌木、中灌木、低灌木。高灌木最大高度可达3～4米。由于高灌木通常分枝点低、枝叶繁密，它能够创造较围合的空间，如珊瑚树经常修剪成绿篱做空间围合之用。中灌木通常高度在1～2米，这些植物的分枝点通常贴地而起，也能起到限制或分隔空间的作用。另外，视觉上起到衔接上层乔木和下层矮灌木、地被植物的作用。矮灌木是高度较小的植物，一般不超过1米。但其最低高度必须在30厘米，低于这一高度的植物，一般都按地被植物对待。矮灌木的功能基本上与中灌木相同。常见的矮灌木有栀子、月季、小叶女贞等。

第四，地被植物，是指低矮、爬蔓的植物，其高度一般不超过40厘米，它能起到暗示空间边界的作用。在园林设计时，主要用它来做底层的覆盖。此外，还可以利用一些彩叶的、开花的地被植物来烘托主景。常见的地被植物有麦冬、紫鸭趾草、白车轴草等。

（二）植物的色彩

色彩对人的视觉冲击力是很大的，人们往往在很远的地方就注意到或被植物的色彩所吸引。每个人对色彩的偏爱以及对色彩的反应有所差异，但大多数人对于颜色的心理反应是相同的。比如，明亮的色彩让人感到欢快，柔和的色调则有助于使人平静和放松，而深暗的色彩则让人感到沉闷。植物的色彩主要通过树叶、花、果实、枝条及树皮等来表现。树叶在植物的所有器官中所占面积最大，因此也很大地影响了植物的整体色彩。树叶的主要色彩是绿色，但绿色中也存在色差和变化，如嫩绿、浅绿、黄绿、蓝绿、墨绿、浓绿、暗绿等，不同绿色植物搭配可形成微妙的色差。深浓的绿色因有收缩感、拉近感，常用作背景或底层，而浅淡的绿色有扩张感、漂离感，常布置在前景或上层。各种不同色调的绿色重复出现既有微妙的变化，也能很好地达到统一。植物除了绿叶类外，还有秋色叶类、双色叶类、斑色叶类等。这使植物景观更加丰富与绚丽。果实与枝条、树皮在园林景观设计植物配置中的应用常常会收到意想不到的效果。如满枝红果或者白色的树皮常使人得到意外的惊喜。

在具体植物造景的色彩搭配中，花朵、果实的色彩和秋色叶虽然颜色绚烂丰富，但因其寿命不长，因此在植物配置时要以植物在一年中占据大部分时间的夏、冬季为主来考虑色彩，如果只依据花色、果色或秋色来搭配是极不明智的。在植物园林景观设计中，基本上要用到两种色彩类型：一是背景色或者叫基本色，是整个植物景观的底色，起柔化剂作用，以调和景色，它在景色中应该是一致、均匀的；二是重点色，用于突出景观场地的某种特质。同时，植物色彩本身所具有的特质也是必须考虑的。如不同色彩的植物具有不同的轻重感、冷暖感、兴奋与沉静感、远近感、明暗感、疲劳感、面积感等，这都可以在心理上影响观赏者对色彩的感受。植物的冷暖还能影响人对于空间的感觉，暖色调如红色、黄色、橙色等有趋近感，而冷色调如蓝色、绿色则会有退后感。

植物的色彩在空间中能发挥众多功能，足以影响设计的统一性、多样性及空间的情调和感受。植物的色彩与其他特性一样，不能孤立地而是要与整个空间场地中其他造景要素综合考虑，相互配合运用，以达到设计的目的。

（三）植物的形状

植物的形状简称树形，是指植物整体的外在形象。常见的树形有笔形、球形、尖塔形、水平展开形、垂枝形等。

第一，笔形。大多主干明显且直立向上，形态显得高而窄。其常见植物有杨树、圆柏、紫杉等。由于其形态具有向上的指向性，引导视线向上，在垂直面上有主导作用。当与较低矮的圆球形或展开形植物一起搭配时，对比会非常强烈，因而使用时要谨慎。

第二，球形。球形植物具有明显的圆球形或近圆球形形状。如榕树、桂花、紫荆、泡桐等。圆球形植物在引导视线方面无倾向性。在整个构图中，圆球形植物不会破坏设计的统一性。这也使该类植物在植物群中起到了调和作用，将其他类型统一起来。

第三，尖塔形。底部明显大，整个树形从底部开始逐渐向上收缩，最后在顶部形成尖头。如雪松、云杉、龙柏等。尖塔形植物的尖头非常引人注意，加上总体轮廓非常分明和特殊，常在植物造景中作为视觉景观的重点，特别是与较矮的圆球形植物对比搭配时，常常取得意想不到的效果。欧洲常见该类型植物与尖塔形的建筑物或尖耸的山巅相呼应，大片的黑色森林在同样尖尖的雪山下，气势壮阔、令人陶醉。

第四，水平展开形。水平展开形植物的枝条具有明显的水平方向生长的习性，因此，具有一种水平方向上的稳定感、宽阔感和外延感。如二乔玉兰、铺地柏都属该类型。由于它可以引导视线在水平方向上流动，因此该类植物常用于在水平方向上联系其他植物，或者通过植物的列植也能获得这种效果。相反地，水平展开形植物与笔形及尖塔形植物的垂直方向能形成强烈的对比效果。

第五，垂枝形。垂枝形植物的枝条具有明显的悬垂或下弯的习性。这类植物有垂柳、龙爪槐等。这类植物能将人的视线引向地面，与引导视线向上的圆锥形正好相反。这类植物种在水岸边效果极佳，当柔软的枝条被风吹拂，配合水面起伏的涟漪，非常具有美感，让人思绪纷飞，或者种在地面较高处，这样能充分体现其下垂的枝条。

第六，其他形。植物还有很多其他特殊的形状，如钟形、馒头形、芭蕉形、龙枝形等，它们也各有应用特点。

第二节　园林建筑与小品景观

一、园林建筑

（一）亭

“我国正在大力推进生态文明建设，园林工程项目逐渐增多。”[①]亭是供人们停留聚集的地方，可以按照设计意图并适应地形来建造。其适应范围极广，是园林里应用最多的建筑形式。

亭一方面可点缀园林景色、构成园景，另一方面是游人休憩、遮阳避雨、观景之所。

亭的造型多样，从屋顶的形式来看，有单檐、重檐、三重檐、攒尖顶、硬山顶、歇山顶、卷棚顶等；从亭子的平面形状来看，有圆亭、方亭、三角亭、五角亭、六角亭、扇亭等。在中国的古典园林中，北方皇家园林的亭子多浑厚敦实，而江南私家园林中的亭子多轻盈小巧。亭既可单独设置，亦可组合成群。

要从功能出发，明确造亭的目的，再根据具体的基地环境，因地制宜地布置。总之，既要做到亭的位置与环境协调统一，又要做到建亭之处有景可赏，而且，从其他地方来看，它又是一个主要的景点。

第一，平地建亭。要结合其他园林要素来布置，如石头植物、树丛等。位置可在路边、道路的交叉口上，林荫之间。

第二，山上建亭。对于不同高度的山，亭的位置选择有所不同。如果在小山上建亭，亭宜建在山顶，可以丰富山体的轮廓，增加山体的高度。有一点需注意，亭不宜建在小山的中心线上，应有所偏离，这样在构图上才能显得不呆板。如果在大山上建亭，可建在山腰、山脊、山顶。建在山腰主要是供游人休息和起引导游览的作用，建在山脊、山顶则视线开阔，以便游人四处览景。

---

①彭轩.园林景观设计中的水景设计[J].中国住宅设施，2023（11）：34-36.

第三，临水建亭。水边设亭有多种形式，或一边临水，或多边临水，或四面临水。一方面是为了观赏水面的景色，另一方面也可丰富水景效果。如果在小水面设亭，一般应尽量贴近水面，如果在大水面建亭，选建在高台，这样视野会更广阔。

（二）廊

廊是从庑前走一步的建筑物。要建得弯曲而且长。

廊一方面可以划分园林空间，另一方面又成为空间联系的一个重要手段。它通常布置在两个建筑物或两个观赏点之间，具有遮风避雨、联系交通的实用功能。如果我们把整个园林作为一个“面”来看，那么，亭、榭、轩、舫等建筑物在园林中可视作“点”，而廊这类建筑则可视作“线”，这些“线”把各分散的“点”连成一个有机的整体。此外，廊还有展览的功能，可在廊的墙面上展示书画、篆刻等艺术品。

廊依位置分可分为平地廊、爬山廊、水上廊；依结构形式分可分为空廊（两面为柱子）、半廊（一面柱子一面墙）、复廊（两面为柱子、中间为漏花墙分隔）；依平面形式分可分为直廊、曲廊、回廊等。

（三）榭

榭字含有凭借、依靠的意思。榭是凭借风景而形成的，或在水边，或在花旁，形式灵活多变。现在，一般把“榭”看作是一种临水的建筑物，所以也称“水榭”。它的基本形式是在水边架起一个平台，平台一半伸入水中，一半架立于岸边，平面四周以低平的栏杆相围绕，然后在平台上建起一个木构的单体建筑物，其临水一侧特别开敞，成为人们在水边的一个重要休息场所。

（四）舫

舫是依照船的造型在园林湖泊中建造起来的一种船形建筑物，亦名“不系舟”。如苏州拙政园的香洲、北京颐和园的清晏舫等。舫的前半部多面临水，船首一侧常设有平桥与岸相连，仿跳板之意。通常下部船体用石建，上部船舱则多木结构。它可供人们在内游玩饮宴，观赏水景，身临其中，颇有乘船荡漾于水中之趣。

（五）花架

在棚架旁边种植攀缘植物便可形成花架，又是人们的避荫之所。花架在园林景观设计中往往具有亭、廊的作用。作长线布置时，就像游廊一样能发挥空间的脉络作用。

二、园林小品

（一）园凳、园椅和园桌

园凳、园椅主要供人小憩、观景之用。一般布置树荫下、水池边、路旁、广场边，应具有较好的景观视野。有时园凳会结合园桌一起布置，这样人们可以借此进行玩牌、下棋等休闲活动。园凳、园椅、园桌应坚固舒适、造型美观，与周围环境协调。

（二）园墙、门洞和漏窗

第一，园墙，包括围墙、景墙、屏壁等。它们一方面可以用于防护、分隔空间、引导视线，另一方面可以丰富景观。园墙的形式很多，有高矮、曲直、虚实、光滑与粗糙、有檐与无檐等区别。

第二，门洞。门洞具有导游、指示、装饰作用。一个好的园门往往给人以“引人入胜”“别有洞天”的感觉。园门形式多样，有几何形、仿生形、特殊形等。通常在门后置以山石、芭蕉、翠竹等，构成优美的园林框景。

第三，窗。窗一般有空窗、漏窗、两者结合等三种形式。空窗是指不装花格的窗洞，通常借其形成框景，其后常设置石峰、竹丛、芭蕉之类，通过空窗就可形成一幅幅绝妙的图画。漏窗是指有花格的窗口，花格是用砖、瓦、木、预制混凝土小块等构成，形式灵活多样，通常借其形成漏景。结合型窗则既有空的部分，又有漏的部分。

（三）雕塑

雕塑是指用各种可塑材料（如石膏、树脂、黏土等）或可雕、可刻的硬质材料（如木材、石头、金属、玉块、玛瑙、铝、玻璃钢、砂岩、铜等），创造出具有一定空间的可视、可触的艺术形象。在人类还处于旧石器时代时，就出现了原始石雕、骨雕等。雕塑的基本形式有圆雕、浮雕和透雕（镂空雕）。雕塑不仅具有艺术化的形象，而且可以陶冶人们的情操，有助于表现园林设计的主题。园林雕塑应与周边环境相协调，要有统一的构思，使雕塑成为园林环境中一个有机的组成部分。雕塑的平面位置、体量大小、色彩、质感等方面都要置于园林环境中进行全面考虑。

（四）其他小品

园林中小品还有很多其他类型，如园灯、标识牌、展览栏、栏杆、垃圾桶等。小品的类型如此之多，需要我们以整体性的思维在满足功能的前提下巧妙地设计和布置。

第三节　园路与园桥景观

一、园路景观

园路，即园林中的道路，它是园林设计中不可缺少的构成要素。它通过其交通网络形成园林的骨架，它引导人们游览，是联系景区和景点的纽带。此外，园路优美的线型、类型多样的铺装形式也可构成园景。

（一）园路的类型划分

1. 按照使用功能进行划分

一般园林景观绿地的园路可以分为以下类型。

（1）主要道路

应能够联系全园各个景区或景点。如果是大型园区，须考虑消防、游览、生产、救护等车辆的通行，宽度应为4～6米。主路还应尽可能地布置成环状。

（2）次要道路

对主路起辅助作用，沟通各景点、建筑。宽度应依照游人的数量来考虑，次路的宽度一般为2～4米。

（3）游步道

游步道是供人们漫步游赏的小路，经常是深入到山间、水际、林中、花丛中。一般要使三人能并行，其宽度为1.8米左右；要使两人能并行，其宽度为1.2米左右。

（4）异型路

异型路指步石、汀步、台阶、磴道等，一般布置在草地、水面、山体上。形式灵活多样。

2. 按照使用材料进行划分

园路则可以分为以下四类。

（1）整体路面

整体路面是指用水泥混凝土或沥青混凝土进行统铺的地面。它平整、耐压、耐磨，是用于通行车辆或人流集中的公园主路。

（2）块料铺地

块料铺地是指用各种天然块料或各种预制混凝土块料铺的地面。可以利用铺装块的特征来形成各种形式的铺装图案。

（3）碎料铺地

碎料铺地是指用各种卵石、碎石等拼砌形成美丽的纹样的地面。它主要用于庭院和各种游憩散步的小路，既经济又富有装饰性。

（4）简易路面

简易路面是指由煤屑、三合土等组成的路面，多用于临时性或过渡性路面。

（二）园路的主要功能

第一，联系景点，引导游览。一个大型园区常常有各个功能的景区，这就需要道路的组织，将各个不同的景区、景点联系成一个整体。它就像一个无声的导游引导人游览。

第二，疏导。道路设计时应考虑到人流的分布、集散和疏导。对于一些大型园区中重要建筑或有消防需求的人流会聚的建筑，特别要注意消防通道的设计与联系，一般而言，消防通道的宽度至少是4米。

第三，构成园林景观。园路类型多样的路面铺装形式、优美的线形也是一种可赏景观。

（三）园路布局的原则

第一，功能性原则。园林道路的布局要从其使用功能出发，综合考虑，统一规划，做到主次分明，有明确的方向性和指引性。

第二，因景得路。园路与景相通，要根据景点与景点之间的位置关系，合理安排道路的走向。

第三，因地制宜。要根据地形、地貌、景点的特点来布置，不可强行挖山填湖来筑路。

第四，回环性。园林中的路多为四通八达的环行路，游人从任何一点出发都能遍游全园，不用走回头路。

第五，多样性。园林道路的形式应该是多种多样的。在人流集聚的地方或在庭院内，路可以转化为场地；在林间或草坪中，路可以转化为步石或休息岛；遇到建筑，路可以转化为“廊”；遇山地，路可以转化为盘山道、磴道、石阶；遇水面，路可以转化为桥、堤、汀步等。

二、园桥景观

园桥是用于行人与轻便车体跨越沟渠、水体及其他凹形障碍的构筑物。它具备点缀环境，为园林增加趣味的装饰作用。园桥一般造型别致、材质精细，和周围景观有机结合，既有园路的特征，又有园林建筑小品的特色。广西壮族自治区三江县的侗族程阳风雨桥，是侗族地区规模最大的风雨桥，其建造艺术令人叹为观止。园桥形式多样，有木桥、石桥、吊桥、亭桥等，这大大丰富了园林的审美意趣。

（一）按照材质进行分类

第一，木桥。木桥以木材为原料，是最早的桥梁形式，它给人以自然感、原始感、亲近感。有一点要注意：木材易被腐蚀，使用年限有限，这就需要进行防腐处理。

第二，石桥，是指用石块来构筑的桥。在园林中，窄的水面通常采用单块的条石来联系两岸，如果是大水面，通常采用石拱桥，如泉州洛阳桥、苏州宝带桥等，都是大型石拱桥的佳作。

第三，竹桥和藤桥，主要见于南方，尤其是西南地区。竹桥和藤桥很有自然的野趣，但是，人走在其上会晃荡，缺乏安全性。

第四，钢桥，钢材强度高，很能体现结构之美，通常用作大跨径桥。

第五，钢筋混凝土桥，是以钢筋、水泥、石头为材质建造的桥，工艺相当简单，但景观效果不及天然材料。

（二）按照样式进行分类

第一，平桥，是最简洁的形式，多平行且紧贴水面，有时为了组景的需求，常对平桥做一些平面上的曲折处理，形成平曲桥。这样，人行曲桥之上，随桥曲折，可从各个角度欣赏风景。

第二，拱桥。拱桥既方便沟通水上交通，又不会妨碍陆上游览。

第三，亭桥和廊桥。亭桥和廊桥均属于一种复合形体，即在桥上建亭或建廊，它可以满足人们雨天遮风避雨、凭桥赏景的需要。且其形体更为突出，造型更为美观。

第四，栈桥（道）。栈桥是架于水面上、沙地上或植被上的栈道。它既方便游人赏景，又起到保护生态环境的作用。

第五章　现代园林景观工程的管理

现代园林景观工程的管理涵盖了从规划设计到施工和后期维护的全过程，需要综合考虑环境、美学、生态和社会等多方面因素。基于此，本章探讨现代园林的生态设计趋势、园林景观工程的精细化管理。

第一节　现代园林的生态设计趋势

一、现代园林生态设计的概念界定

（一）生态设计

“生态”是指一种自然，是自然界（包括人类）的和谐；“生态”是指一种环境，是生物生存的环境、自然环境、人类生存的环境；“生态”是指一种适应，是生物对环境的适应，人对环境的适应；“生态”是一种综合，是多因素的综合作用的系统；“生态”是整体；“生态”是发展，是演变，是动态演化等。

“设计”是一种将人的某种目的或需要转换为具体的物理形式或表达方式的过程。它是人类有意识塑造物质、能量和过程以满足预想的需要与欲望。传统的设计理论与方法，是以人为中心，满足人的需求和解决问题为出发点进行的，而无视后续的设计的实施，即使用过程中的资源和能源的消耗以及对环境的排放。

生态设计新的思想和方法是从“以人为中心”的设计转向既考虑人的需求，又考虑生态系统的安全的生态设计。将设计作品的生态环境特性看作是提高环境品质，增强社会形象表现力的一个重要因素。设计作品中考虑生态环境问题，并不是要完全忽略其他因子，如社会特性、美学特性等。因为仅仅考虑生态因子，作品就很难被社会接受，结果其作品的潜在生态特性也就无法实现。

因此，生态设计实质上是用生态学原理和方法，将环境因素纳入作品的设计中，从而帮助确定设计的决策方向。它既要为人创造一个舒适的空间小环境，同时又要保护好周围的大环境。具体来说，小环境的创造包括健康宜人的温度、湿度、清洁的空气、好的光声环境以及具有长效多适的、灵活开敞的空间等；对大环境的保护主要反映在两方面，即对自然界的索取要少和对自然环境的负面影响要小。其中，前者指对自然资源的少费多用，包括节约土地，在能源和材料的选择上贯彻减少使用、重复使用、循环使用以及利用可再生资源替代不可再生资源等原则；后者主要指减少排放和妥善处理有害废弃物以及减少光、声污染等。

生态设计是一个过程，一种“道”，而不是由专业人员提供的一种产品。通过这种过程使每个人熟悉特定场所中的自然过程，从而参与到生态化的环境和社区的建设中。生态设计是使城市和社区走向生态化和趋于更可持续的必由之路。生态设计是一种伦理。它反映了设计者对自然和社会的责任，是每个设计师的最崇高的职业道德的体现。有了对社会和土地的责任感，园林设计师才有可能选择前者。生态设计也是经济的，生态和经济本质上是统一的，生态学就是自然的经济学。两者之所以会有当今的矛盾，原因在于人们对经济的理解的不完全性和衡量经济时以当代人和以人类为中心的价值偏差。生态设计强调多目标的、完全的经济性。

（二）现代园林生态设计

园林的核心是生态，园林设计就是对土地和室外空间的生态设计。现代园林生态设计是一个系统的概念认识，具体如下。

第一，现代园林生态设计是现代园林设计体系的一个重要内容，是现代园林新的发展趋势。它贯穿于从场地整体到局部地段和微观细部的设计及其实施、管理全过程。

第二，现代园林生态设计是从整体出发，综合考虑了生态功能和环境美学以及人的需求而进行的三维空间设计。

第三，现代园林生态设计综合考虑了生态效益、经济效益、社会效益和美学原则，其目标是改善人居生活品质、提高生态环境质量，并最大程度减少人类对场地生态环境的干涉和影响。

第四，现代园林生态设计是一种塑造生态环境的过程，也是一项长期渐进的、不断完善的维护管理过程。

现代园林生态设计的研究是当今时代特征的表现，它既是生态学与园林设计交叉渗透的产物，又是自然科学和社会科学如美学、心理学等多学科结合的产物。现代园林设计与生态学的结合，给园林赋予了更丰富的内涵，从而推动现代园林设计走向更为自由、活跃的多元发展趋势。

二、现代园林生态设计的基本原则

（一）尊重自然原则

一切自然生态形式都有其自身的合理性，是适应自然发生发展规律的结果。一切景观建设活动都应从建立正确的人与自然关系出发，尊重自然，保护生态环境，尽可能小地对环境产生影响。

自然生态系统一直生生不息地为人类提供各种生活资源与条件，满足人们各方面需求。而人类也应在充分有效利用自然资源的前提下，尊重其各种生命形式和发生过程。生态学家告诉我们，自然具有强自我组织、自我协调和自我更新发展的能力，它是能动的。人类在利用它时，应像对待朋友一样去尊重它，并顺应其发生规律，从而保证自然的自我生存与延续。如城市雨后的流水，刻意地汇集阻截它，必将促使其产生强大的反压制力，对给排水装置和相关市政设施造成很大冲击，甚至引发灾难。相反，顺应它的自然径流过程，设计模仿自然式溪流的要素和形式，主动引导并利用它，这不仅可将美丽的自然景观重现于市民眼前，增强城市自然审美品质，并增强市民生态意识，同时也可有效地避免资源的浪费和对环境的威胁。因此，在园林生态设计中，尊重自然应是能被社会接受的最基本的前提之一。

（二）高效性原则

当今地球资源严重短缺，主要是由于人类长期利用资源和环境不当所造成的。而要实现人类生存环境的可持续，必须高效利用能源，充分利用和循环利用资源，尽可能减少包括能源、土地、水、生物资源的使用和消耗，提倡利用废弃的土地、原材料包括植被、土壤、砖石等服务于新的功能，循环使用。其中主要包括4R原则，即更新改造（Renew）、减少使用（Reduce）、重新使用（Reuse）、循环使用（Recycle）。

更新改造，通常是指对工业废弃地上遗留下来质量较好的建筑物、构筑物进行的改造，以满足新功能需要。这样可大大减少资源的消耗和降低能耗，还可节约因拆除而耗费的财力、物力，减少扔向自然界的废弃物。

减少使用，是指减少对不可再生资源如矿产资源的消耗、谨慎使用可再生资源如水、森林等，和减少对自然界的破坏；预先估计排放废气、废水量，事先采取各种措施，最后还包括减少使用和谨慎选用对人体健康有危害的材料等。

重新使用，是指重复使用一切可利用的材料和构件如钢构件、木制品、砖石配件、照明设施等。它要求设计师能充分考虑到这些选用材料与构件在今后再被利用的可能性。

循环使用，是根据生态系统中物质不断循环使用的原理，尽量节约利用稀有物资和紧缺资源，这在废污水处理及一些垃圾废物的循环处理中表现明显，如目前常用于市政浇灌及一些家庭冲厕、洗车等的中水利用系统。

（三）乡土性原则

任一特定场地的自然因素与文化积淀都是对当地独特环境的理解与衍生，也是与当时当地自然环境相协调共生的结果。所以，一个合适场地的园林生态设计，必须先考虑当地整体环境和地域文化所给予的启示，能因地制宜地结合当地生物气候、地形地貌进行设计，充分使用当地建材和植物材料，尽可能保护和利用地方性物种，保证场地和谐的环境特征与生物的多样性。

（四）健康、舒适性原则

健康持久的生活环境包括使用对人体健康无害的材料，符合人体工程学、方便使用的公共服务设施设计，清洁无污染的水体等；舒适的景观环境则应当保证阳光充足，空气清新无污染，光、声环境优良，无光污染，无噪声，有足够绿地及自由活动空间等。城市中一个健全的景观系统能够改善不利的气候条件，吸收雨水，减少噪声，清洁空气，提供令人愉快的视觉景观，同时也能为野生动物提供生活场所，使人们直接观察到自然的进程，提醒我们记住人类是自然的一部分。所以，设计关注以“人”为本，其中的“人”不仅仅是指狭义的人类，它还包括所有与人类息息相关的各种动植物及自然环境，因为没有它们“健康”、自在的存在，也就没有人类健康舒适的生活。

三、现代园林生态设计的方法探索

“近几年，我国城市化进程得到了很大的发展，人们的生活水平也得到了很大的提高，可持续发展的观念渐入人心，人们对生活环境质量上的关注越来越高，现代园林作为人们生活当中的生态景观，为了满足人们多样化的需求，将现代化元素加入其中是非常有必要的。”①现代园林生态设计是要把人与自然、环境更紧密联系在一起。它表达了人类渴望与自然亲近并与自然融合共生的愿望。随着公众生态意识的增强和生态科学技术的发展，人们对园林生态设计手法的探索也在持续进行。人与自然和谐共处的愿望在这些设计手法中得以表达。无论过程或结果，无论表象或本质，它们都体现了设计师对人与自然之间生态关系的思索与探究。

（一）清洁能源利用与节能

任何一种能源的开发和利用都给环境造成了一定的影响，尤其以不可再生能源引起的环境影响最为严重和显著，它们开采、运输、加工、利用等环节都会对环境产生严重影响，如造成大气污染、增加大气中温室气体的积累和酸雨的发生等。而开发使用清洁能源和可再生能源则是改善环境、保护资源的有效途径，因为通过使用像太阳能和风能这样的更新能源，可减少燃烧煤炭、石油等不可再生能源，从而减少空气污染、水体污染和固体废弃物。

清洁能源主要是指能源生产过程中不产生或极少产生废物、废水、废气的优质可再生能源，包括太阳能、风能、地热能、水能、生物质能和海洋能等。

降低能源需求，减少能量消耗，使用高效节能技术，使用可更新和高效的能

①屈芳.现代园林生态设计方法分析[J].农业与技术，2016，36（20）：217.

源供应技术，是利用清洁能源及节能的根本原则。

1. 太阳能

太阳能是洁净的、可再生的、丰富且遍布全球的自然能源。它取之不尽、用之不竭，具有很大的利用潜力。对太阳能的利用主要包括两个方面：一是太阳热能利用，即太阳用作热水的加热源，为不同用途提供热水；二是太阳能光电利用，即将太阳能转换成电能，用作制冷或照明的能源。目前，世界各国通常都把太阳能利用作为节能的有效手段。太阳能利用目前在建筑领域开发应用已较为成熟，主要包括太阳能采暖和太阳能采光。

（1）太阳能采暖

建筑上利用太阳能采暖可分为被动式系统和主动式系统。

被动式太阳能采暖，是靠建筑物构件本身如墙壁、地板等来完成太阳能的集热、储热和散热的功能，不需要管道、水泵等机械设备。被动式太阳能采暖，建筑技术简单，就地取材，不耗费（或较少）常规能源，它的缺点是冬季平均供暖温度较低，尤其是连阴天，必须补充辅助能源。将太阳能加热、地下冷却和空气循环相结合的新型太阳能住宅（简称SEA住宅）较好地解决了普通太阳能房屋容易发生的问题，如南北侧房间温差大等，使室内温度常年维持在比较舒适的水平。

主动式太阳能采暖系统，是由太阳能集热器、管道、散热器以及储热装置等组成的强制循环太阳能采暖系统。这种系统调节控制方便灵活，人处于主动地位，但开始投资大，技术复杂，中小型建筑和居住建筑较少采用。

（2）太阳能采光

采光包括天然采光和光电转换提供的照明能源采光。

太阳能天然采光是指把清洁、安全的太阳天然光引入建筑室内照明，以起到节约资源和保护环境的作用。通常采用这些方法：合理设计采光窗；采用新技术，扩大天然采光范围，如采用高透过率的光导纤维或导光管等。

通过太阳能光电池装置提供的电力能源，是直接将太阳辐射转化为电能。这种技术在国外目前有应用，但由于光电池系统生产成本、光电转换率和自身能耗等问题，要实现光电池技术的广泛应用，还有很长一段时间。

在园林设计领域，场地自身作为公共开放空间，就拥有得天独厚的通风、采光、采暖等优越条件，再加上园林设计师富于人性的设计，如夏有庇荫、冬有日晒的小环境营造，就更容易让人们忽视场地上对太阳能的充分利用。

2. 风能

风能是潜力巨大的能源。由于发电成本不断下降，风力发电是目前增长最快的能源。在风力资源比较丰富的地区，利用风能发电是十分可靠的动力来源。利用风能发电通常采用传统风车或风轮的形式。但在荷兰斯切尔丹市，设计师为了使传统风车适应城区环境，借助先进的工艺技术，结合太阳能光电池系统设计了一个具有强烈视觉效果的太阳风车，将其建造在一个能供人行走的玻璃平台上，玻璃平台的内部装有太阳能电池板，水平安装的太阳能电池板在阳光照射下变热，当气流通过玻璃平台下的水平空腔时，太阳能电池板就可得到冷却。空腔通向太阳风车中部的垂直风道，风道里的热空气上升时驱动。为了能以风力发电，太阳风车的三个风叶做成了螺旋状，而构筑物的主体部分则起到了垂直转动轴的作用。

在景观设计中风能应用也有可行性，如作为水体的循环流动的动力能源，即用风能替代电能进行水的提升，从而推动景观水体运动。

3. 其他清洁能源

未来地下冷或热能将会仅次于太阳能成为非常重要的可再生能源。因为这种能源普遍存在，几乎没有限制且易于获得。利用地热能一方面既没有污染物排放，也不生成污染物，对生态和环境有利；另一方面运作费用极低。越靠近地表面的土壤温度受到气候条件的影响越大，而在地下8～10 m深的位置，土壤温度达到了一个比较稳定的数值，而这就是可以在设计中应用的冷源。目前地热能在建筑领域的开发应用技术已较成熟，冷媒可以通过流经这些区域，经过降温直接用于空调系统。

此外，高效的清洁能源的开发利用还包括生物能的利用（如利用稻草、秸秆等农业废料制造沼气或发电，利用厌氧发酵池产生沼气等）、潮汐能发电以及水能、海洋能的使用等，相信随着人们对环境与资源保护意识的提高，优质高效洁净能源将在21世纪有长足发展。

（二）水资源的循环利用

水是园林景观构成中的重要元素之一。有了水的滋润，环境中的草木、土地才能得以欣荣。一定面积的水体，可以丰富景观、隔离噪声、调节小气候等。但水不只是风景中一个优美的装饰，它更是设计者必须优先考虑到的一个处理的难题。水资源短缺和水污染加剧已成为遏制当今全球经济发展的一大瓶颈，同时也威胁着人类的生存与健康。因此，为解决水资源短缺的矛盾，景观设计师们正尝试通过收集雨污水并处理后再生利用的方式，以节约景观和建筑用水，减轻水体污染，改善生态环境，并创造出优美的自然景观奇迹。

1. 雨水资源的利用

雨水资源利用不仅是狭义地利用雨水资源和节约用水，它还具有减缓城区雨水洪涝和地下水位的下降，控制雨水径流污染、改善城市生态环境等意义。雨水资源利用目前在建筑及景观设计中得到较大尝试，并已发展成为一种多目标的综合性技术。它主要涉及雨水的收集、截污处理、储存和景观应用等流程。

（1）建筑屋顶雨水收集

通常单户建筑屋顶雨水收集，是利用屋檐下安装的雨水管道把水汇集到专门的蓄水桶中，经过沉淀和过滤的自然净化作用后，雨水慢慢溢出流下。如果蓄水桶下是绿地，则直接对绿地进行浇灌；如是可渗透性地面如生态硬质铺装等，则直接回灌入地下。

（2）地面雨水收集利用

在城市中应用最多的还是地面雨水的收集。由于城市存在大量不透水硬质铺装，导致大量地面雨水无法渗入地下。如果只通过人工管道系统将雨水直接排入江、河、海，不仅因其流量大、杂质多对城市给排水装置造成巨大压力，而且其携带的大量污染物质也加剧了江、河、湖、海等水体的生态负担，造成一定程度的环境污染影响。因此，如何有效收集利用地面雨水，并将其过程及应用与城市景观建设和环境改善结合起来，将是今后景观设计师们面临的一大课题。

2. 废污水的处理与利用

污水是由于人类活动而被玷污的天然洁净水，即指因某种物质的介入而导致水体物理、化学、生物或放射性等方面特性的改变，从而影响了水的有效利用，危害人体健康或破坏生态环境。废污水形成主要源于居民生活污水、工业排放废水或农村灌溉等废水的污染。通常表现为各种江河湖泊等接受污染的水体形式。如果将废污水进行净化和再生利用结合起来，去除污染物，改善水质后加以利用，不仅可以消除废污水对水环境的污染，而且可以减少新鲜水的使用，缓解需水和供水之间的矛盾，取得多种效益。作为缓解水资源稀缺的重要战略之一，废污水资源化正日益显示出光明的应用前景。

（1）废污水处理方法

废污水处理是利用各种技术措施将各种形态的污染物质从废水中分离出来，或将其分解，转化为无害和稳定的物质，从而使废水得以净化的过程。具体处理方法根据生态平衡要求可包括物理处理法和生物处理法。

第一，物理处理法，这是利用物理作用来进行废污水处理的方法，主要用于分离、去除废污水中不溶性悬浮物。通常使用的处理设备和具体方法有隔栅与筛网、沉淀法及气浮法。隔栅是由一组平行的金属栅条制成的具有一定间隔的框架，将其斜置在废水流经的渠道上，可去除粗大的悬浮物和漂浮物。筛网是由穿孔滤板或金属构成的过滤设备，可去除较细小的悬浮物。沉淀法的基本原理是利用重力作用使废水中重于水的固体物质下沉，从而达到与废水分离的目的。气浮法的基本原理是在废水中通入空气，产生大量细小气泡，使其附着于细微颗粒污染物上，形成比重小于水的浮体，上浮至水面，从而达到使细微颗粒与废水分离的目的。

第二，生物处理法。利用微生物氧化分解有机物的功能，采用一定人工措施营造有利于微生物生长、繁殖的环境，使微生物大量繁殖，以提高微生物氧化分解有机物的能力，并使废水中有机污染物得以净化。根据采用的微生物的呼吸特性，生物处理可分为好氧生物处理和厌氧生物处理。

好氧生物处理法是利用好氧微生物在有氧环境下，将废水中的有机物分解成二氧化碳和水。好氧生物处理效率高，使用广泛，主要工艺包括活性污泥法、生物滤池、生物接触氧化等。

厌氧生物处理法是利用兼性厌氧菌和专性厌氧菌在无氧条件下降解有机污染物的处理技术，最终产物为甲烷和二氧化碳，多用于有机污泥、高浓度有机工业废水的处理，一系列厌氧处理构筑物如厌氧污泥床、厌氧流化床、厌氧滤池等。另外，利用在自然条件下生长、繁殖的微生物处理废水的自然生物处理法也有应用，它工艺简单，建设与运行费用较低，但净化功能易受自然条件制约，主要处理技术有稳定塘和土地处理法。

（2）废污水处理综合利用

对废污水进行处理并结合景观设计在国内尚属较新的课题，它要求设计者不仅要熟知水文、生态、环境及社会专业知识，能深入掌握污染来源、处理及生态环境治理原则和方法，同时还需有较高的景观设计及艺术修养。

（三）循环使用建筑材料

自工业革命后出现的大批重要工业、运输基地，经过几十年甚至上百年的辉煌发展历程，在20世纪六七十年代随着后工业时代的到来和城市产业布局的调整，逐渐衰落、倒闭。

由此那些纵横交错的铁路、公路、运河、高大的烟囱、堆料场，以及大量质量很好的建构筑物都被闲置与废弃。这些质量、结构良好的构筑物，见证了场地上产业兴盛、衰败的发展史，同时也记载着原有的历史风貌，对它们进行再生性循环利用便具有极大的经济、社会和生态意义。

通常在场地开发中，对这些具有一定历史文化、景观或生态价值的建构筑物材料采取的再利用对策包括以下几点。

1. 建构筑物的改造设计

建构筑物改造设计在历史性建筑保护利用上表现明显。由于建筑物质寿命通常比其功能寿命长，且建筑内部空间具有更大灵活性，与其功能并非严格对应，因此建筑可在其物质寿命之内历经多次变更、改造。在具有历史意义的工业废弃场地上进行园林设计，也应根据原有建构筑物条件和新的使用需求，对一些质量很好的构筑物进行改造设计。其中常采用的更新手段如下。

（1）维持原貌

即部分或整体保留构筑物外观形式，加以适当修缮，维持其历史风貌，处理成场地上的雕塑，成为一种勾起人们往昔回忆的标志性景观。通常这些构筑物只强调视觉上的标志性效果，并不赋予其使用功能。

（2）新旧更替

即以原有构筑物结构为基础，在材料或形式上进行部分添加或彻底更新调整，赋予构筑物新的功能或新形式，最终将历史与现代自然地穿插融合，产生一种新旧交织的风格，从而使构筑物更具保留下来的时空感。

2. 废弃建造材料再利用

废弃建造材料主要指场地上原有的废置不用的建造材料、残砖瓦砾以及一些工业生产的废渣及原材料等。众所周知，景观建设从建设材料的生产到建造和使用过程都需要消耗大量的自然资源和能源，并且产生大量污染。因此，尽量节省原材料，采用耐久性强、对环境无害的废弃建造材料，这是节约能源、高效利用资源、减少环境污染的有效措施。

通常对废弃场地上的废弃材料进行循环利用有以下两种方式。

（1）重现废料面貌，将其稍加修缮处理后展示，以呈现具有历史含义的独特景观

如在杜伊斯堡北部风景园中，一些废弃的高架铁路和路基被作为公园中的空中游步道和地面步行系统的一部分，以满足人们漫步、游憩的需要，成为人们登高赏景的好去处，同时也具有独特的历史识别性。

（2）对废弃材料另行加工利用，处理成建设材料的一部分，看不到其原有面貌，从而完全地融入公园建设之中

这种原有“废料”的利用不仅极大地保留了场地的历史产业信息，显示了设计师对历史的尊重，同时也最大限度地减少了对新材料和相关能源的耗费，展示出一种崭新的科学理性精神。

（四）固体废物再生利用

固体废物，通常是在社会的生产、流通、消费等一系列活动中产生并在一定时间和地点无法利用而被丢弃。固体废物具有鲜明的时间和空间特征，是在错误时间放在错误地点的资源。从时间方面讲，它仅仅是在目前的科学技术和经济条件下无法加以利用，但随着科学技术的发展以及人们的要求变化，今天的废物极可能成为明天的资源；从空间角度看，废物仅相对于某一过程某一方面无使用价值，而并非在一切过程或一切方面都没有使用价值。另外，由于一些固体废物含有有害成分，因此任其扩散，极易成为大气、水体和土壤环境的污染“源头”。所以，对固体废物进行污染防治和资源化综合利用变得极有意义。

通常固体废物资源化有三种途径，即：物质回收，如直接从废弃物中回收纸张、玻璃、胶制品等物质；物质转换，即利用废物制取新形态的物质，如利用废玻璃和废橡胶生产铺路材料、利用炉渣生产水泥和其他建设材料、利用有机垃圾生产堆肥等；能量转换，即从废物处理中回收能量包括热能或电能，如通过焚烧

处理有机废物回收热量并进一步发电，利用垃圾厌氧消化产生沼气，作为能源向居民供热和发电。

第二节　园林景观工程的精细化管理

园林学是一个较复杂的学科，对园林建筑而言，施工阶段尤其重要。在复杂的景观构造中，存在各种各样的建筑影响，很容易产生各种建筑问题，从而削弱景观建设的功能。“园林工程是一项复杂的系统工程”①，建设精品园林工程，除了要有完善的设计方案外，还要有高素质的施工队伍。另外，后期的维护工作也很重要。施工阶段是出现问题最多的阶段。由于人力、物力、管理等因素的影响，将会出现一些质量问题，不利于发挥园林景观建设的重要作用。

因此，在精细化管理的影响下，可以实现对园林景观工程的全面管理与监督，即在发现问题的同时，限制施工进度。在管理层面上，精细化管理模式具有科学性，在细节上考虑，从一些微观层面入手，大大降低了细节对工程建设的影响，实现了景观建筑的整体提升。

一、加强园林景观工程的设计管理

对园林建筑而言，设计方案的合理与否至关重要。一个合理的设计方案可为景观的营造提供良好依据，也是景观营造发挥作用的基本前提。因此，管理者需要严格控制和管理工程，将其作为复杂管理理念的一部分。从设计阶段开始，就应排除各种设计问题，在项目工作期间，设计单位必须充分考虑实地第一手资料要解决的问题，分析现场气候和环境因素，了解当地居民的实际需要，尤其是植物种类的选择，必须符合当地土壤和气候环境。在设计前必须确认土壤成分，若土质太差，可通过换填，改善工程设计效果。景观绿化工程设计方案要与城市总体规划一致，科学地、有意义地从形式、面积、地点等方面进行分析和验证。在

①王传奕，吕鹏.现代园林工程施工技术分析[J].城市建设理论研究（电子版），2015（6）：1173-1174.

进行景观规划时，应严格遵循“因地制宜”的原则，尽量减少原有土地形态和树种的变化，使原有土地效益得到充分利用。

二、强化园林景观工程的栽植管理

园林植物种类丰富，是园林景观的主要组成部分。景观工程质量取决于植物的生长效果。为提高植株成活率，需要对过多的枝叶进行修剪，这样可以减少水分蒸发，从而帮助其生根和发芽。另外，在播种过程中，还要观察种子周围的情况，及时清除障碍，定期对幼苗进行剪枝，以免损伤装置性能。从幼苗生长到一定程度的采伐，要注意树形，突出景观美，帮助景观继续发挥重要作用。

三、提升园林景观工程的设备管理

现在园林绿化技术比较成熟，在施工过程中需要使用许多机械设备。合理使用这些设备，可有效提高景观技术的施工进度，减少工作人员的工作量，尤其在某些危险的过程中，可替代人工到达危险部位。机械设备的管理已经成为建筑管理的重要组成部分，关系到景观的进度、质量和建设，管理者必须多加关注。管理人员应在实际管理工作中指定专人负责设备的检查与维修。施工开始前，对各种技术装备进行统一维修和检查，及时更换老化部件，为后续工程建设奠定良好基础。因景观施工现场环境恶劣，设备简单，易产生各种故障，设备维修工尽量做到事先对设备故障进行控制，避免设备因素对当地机械工程的影响。各种设备均有专人使用，尤其是大型设备。一些特殊设备的操作员必须有相应资格证，这样才能保证操作的规范化。

第六章　造林绿化的作用与工程施工

造林绿化是通过人工手段引入植物，改善、恢复或新建植被覆盖的过程，其作用多方面而广泛。造林绿化的工程施工涉及多个环节，包括选址、植物选用、土壤改良、施工技术等，以确保植被的生长、发育和生态环境的改善。本章内容包括造林绿化的作用及其多元化表现、造林绿化工程施工及其特点分析、造林绿化工程施工程序及项目管理、不同立地条件的造林绿化施工要点。

第一节　造林绿化的作用及其多元化表现

随着社会的发展和人口的增加，人类对自然资源的需求也在不断增加，这使得环境问题逐渐成为全球共同面临的挑战。在这一背景下，造林绿化作为一种有效的环境保护手段，其多方面的作用在不同层面展现，不仅改善了生态环境，缓解了气候变化，还为经济发展和社会进步提供了有力支持。“造林绿化工作是我国维护自然生态平衡的重要举措，同时也是我国环境保护的主要工程，合理运用林业技术则会为造林绿化工作提供巨大助力。”[①]

一、生态维度上造林绿化的作用及多元化表现

（一）生态环境的改善

造林绿化是一种大规模引入树木的有效手段，其主要目的是提高地球表面的

①麻艳国.造林绿化中林业技术的应用[J].中国林副特产，2023（1）：87-89.

森林覆盖率。这一举措不仅在空气质量方面发挥积极作用，还在水土保持方面发挥着关键的作用，有效减缓水土流失的速度，改善土壤侵蚀的状况。这样的森林存在于地球上，有效保护了土地，对维持自然生态平衡起到了积极的支持作用。

此外，树木的根系具有良好的土壤固定作用，对减少水土流失、维持水源的稳定起着关键作用。这对于地下水的补给和河流湖泊水位的稳定具有重要意义，为农业、工业和城市的水源供应提供了可靠的支持。

森林的存在不仅有助于维持水资源的平衡，还能够减缓土地的退化过程，保持土地的肥沃度。这对农业生产具有积极影响，同时也对生态系统的恢复起到了关键的作用。通过防止土地过度开发，造林绿化为地球的可持续发展奠定了坚实的基础，为未来提供了重要的生态支持。因此，人们应当认识到造林绿化的重要性，并在实践中不断推动这一有益于地球和人类的环保措施。

（二）气候变化的缓解

树木通过光合作用这一神奇的过程，大量吸收二氧化碳并将其转化为氧气，将清新的空气释放到大气中。这一过程的重要性不可忽视，特别是考虑到二氧化碳是温室气体的主要成分之一。通过扩大森林面积，人类可以积极参与到减缓气候变化的过程中，将树木视为地球的自然空气净化器。

然而，森林的作用远不止于此。它们还在全球碳平衡中扮演着重要的角色，被视为碳汇。大量的碳以各异的形式储存在树木和森林土壤中，形成了一个庞大的碳储存库。这一碳储存库的存在，有效减缓了温室气体排放对气候的不良影响，为地球提供了一道防线。

通过科学的森林管理和积极的森林扩张，人们能够更加有效地应对气候变化的挑战。森林的生态系统服务不仅在气候方面起到积极作用，还在生态平衡、水资源维持、土地保护等方面发挥着关键作用。因此，保护和扩大森林面积不仅仅是为了净化空气，更是为了构建一个更加健康、稳定和可持续的地球。

在全球气候危机的背景下，人们需要共同努力，采取行动，加强对森林的保护和管理。只有通过联合的力量，才能更好地利用树木的神奇力量，将其作为抗击气候变化的利器，为子孙后代留下一个更美好的未来。

（三）生物多样性保护

树木和森林不仅仅是地球的绿色长城，更是许多野生动植物的天然栖息地。由于人类活动的不断扩张，许多生物失去了它们原有的栖息地，而造林绿化为这些生物提供了宝贵的避难所。这种生态服务对于保护濒危物种和维护生物多样性至关重要，为人们共享的生态系统增添了珍贵的生命色彩。

大面积的森林不仅仅是动植物的栖息地，更是自然的通道，促进了物种之间的交流和迁徙。这种生态通道的存在对于维持生态平衡至关重要，能够有效防止物种的灭绝，同时也对农业生产和生态系统的健康产生积极影响。

在这个瞬息万变的世界中，森林为各类野生动植物提供了相对稳定的栖息环境，成为它们繁衍生息的家园。濒危物种尤其受益于这些绿色避难所，得以躲避人类活动的压力和栖息地的丧失。通过造林绿化，人们不仅为这些濒危物种提供了新的家园，也为整个生态系统注入了新的活力。

此外，森林作为自然通道，连接了不同地区的生态系统，为动植物的迁徙提供了便捷的通道。这有助于维持不同物种之间的生态平衡，防止生态系统的破碎化，同时也对农业产出和生态系统的整体健康起到了正面作用。因此，人们应当更加注重对树木和森林的保护，努力创造一个人与自然和谐共生的未来。

（四）提高生活质量

绿色环境对人类身心健康产生深远而显著的影响。身处自然环境中，人们能够更好地缓解压力、减轻焦虑，从而提高整体生活质量。在城市化进程中，绿地规划和生态景观建设因此变得至关重要，不仅仅是为了美化城市，更是为了促进居民身心健康的全面提升。

森林和绿地不仅仅是自然生态系统的一部分，同时也是人们休闲娱乐和体育活动的理想场所。这些天然绿洲为城市居民提供了重要的休息和娱乐场所，成为他们逃离城市喧嚣、沉淀心灵的天然去处。在这些绿色空间中，人们可以尽情享受大自然的美好，体验身心的放松和愉悦。

散步、骑行等活动不仅仅是为了锻炼身体，更是有益身心健康的生活方式。这些活动不仅有助于维持健康的生活习惯，还能够改善心理状态，减轻生活中的压力。此外，这些绿地也成为社交的理想场所，促进了社会交流和互动，加强了城市居民之间的联系。

绿地的规划和生态景观的建设对城市生活质量的提升至关重要。它们不仅提供了健康活动的场所，还为城市居民提供了沉浸在自然美景中的机会。通过注重绿地的建设，城市可以创造一个更加宜居、健康和具有社区凝聚力的环境。因此，人们应当更加重视和支持城市中绿地的规划和建设，为居民提供更多的绿色休憩空间，让城市成为人们身心健康的温暖家园。

二、经济维度上造林绿化的作用及多元化表现

林业作为经济产业的重要组成部分，在多个方面为经济发展作出显著贡献。林业为社会提供了大量的就业机会，涉及从林木管理到木材加工、造纸业、家具制造等多个领域。这不仅有助于缓解就业压力，还为相关产业提供了丰富的原材料，推动了相关产业的发展。

随着人们对生态环境的关注增加，林业的生态旅游功能逐渐凸显。森林公园、自然保护区等成为人们休闲、度假、体验大自然的重要场所。这不仅带动了旅游业的繁荣，也为当地经济增长注入新的动力，形成了以林业为基础的全新产业链。

通过植树造林，不仅可以实现环境的生态修复，减少水土流失，涵养水源，还能显著提高空气质量。这种环境的改善直接影响到人们的生产和生活，为社会创造了更为宜居的环境，进而间接促进了经济的可持续发展。

森林不仅在生态系统中具有保护农田、防止水土流失、调节气候的功能，而且通过这些功能可以提高农业产量，为经济发展提供重要的支持。农田保护和水土流失的减缓不仅使农业更加可持续，还有助于确保食物供应的稳定性。

政府在林业方面的投入和政策支持是促进林业在经济维度发挥作用的关键。通过制定各种林业政策，如森林保护政策和植树造林政策，政府为林业的发展提供了坚实的政策基础。这些政策的实施不仅为森林资源的合理利用提供了指导，也为激励社会参与林业事业创造了良好的环境。

综合来看，造林绿化在经济维度上发挥着多元化的作用，通过提供就业机会、推动产业发展、促进生态旅游、提高环境质量，为社会经济的可持续发展提供了重要支持。

三、社会维度上造林绿化的作用及多元化表现

（一）文化价值

树木和森林在世界各地的文化和传统中扮演着重要的象征角色，被视为神圣之物，具有深厚的象征意义。这种象征意义不仅体现在它们被赋予的长寿、繁荣和幸福的寓意上，更象征着人们心中的神圣之源。通过对这些文化价值的尊重和传承，人们能够更好地理解和珍惜自然环境，将这些传统价值融入现代生活。

树木和森林经常成为民间故事和神话的核心元素，为人们提供了丰富的灵感和想象空间。这些故事既是文化传统的延续，也是人类对自然的敬畏之情的表达。故事中的神奇树木和神秘森林成为文学、艺术和口头传承的源泉，不仅激发了人们对大自然的浪漫幻想，也强调了与自然相处的重要性。

通过民间故事，人们传承着关于树木和森林的智慧和道德观念。这些故事教导人们尊重自然、与自然和谐相处的重要性，将这种敬畏之情融入日常生活。树木和森林不仅是自然的一部分，更是文化的一部分，它们在文学、绘画、音乐等艺术形式中都有着深远的影响。

随着现代社会对可持续发展和环境保护的日益重视，对树木和森林的文化价值的重新认识也变得尤为重要。这不仅有助于维护自然生态系统的平衡，还促使人们对环境资源的合理利用产生更深层次的思考。通过将传统文化中对树木和森林的敬畏情感融入现代环保理念，人们能够更好地推动可持续发展的目标。

在当今社会，树木和森林的文化象征意义也在艺术创作中得到充分发挥。艺术家通过绘画、雕塑、音乐等表达形式，以树木和森林为主题，呈现出丰富的文化内涵。这种创作不仅延续了传统文化的精髓，同时也促使人们在艺术中感受到与自然相融合的美好。

总体而言，树木和森林在文化和传统中的象征意义为人们提供了对自然的深层次认识和理解。通过传承这些文化价值，人们能够更好地与自然互动，培养对环境的尊重和保护意识，为实现可持续发展目标贡献力量。同时，树木和森林的文化象征意义也在当代艺术和文学中焕发新的生命，为人们带来美的享受和心灵的寄托。

（二）教育价值

树木和森林在科学教育中扮演着不可或缺的角色，为学生提供了丰富的素材，拓展了他们对自然世界的认识。生态系统、植物学、动物学等科学领域的研究都可以以树木和森林为例进行深入探讨。这种学习方式能够激发学生对科学的兴趣，使他们更加深刻地了解自然界的奥秘，增加对环境问题的认识和理解。

造林绿化项目本身就是一种出色的环境教育载体。通过参与植树活动，人们能够亲身感受到植物生长的过程，从根本上理解生态系统的平衡。这种参与式学习不仅提供了实践经验，还激发了人们对自然环境保护的责任感。学生和参与者通过亲手植树，不仅培养了对植物生命的尊重，更深刻地体验到每一棵树对于整个生态系统的重要性。

在科学教育中，树木和森林可以作为实地考察的理想场所。学生可以通过实地考察森林生态系统，观察不同植物和动物的相互关系，学习生态学的知识。这样的学习方式不仅提高了学生的实地观察和研究能力，同时也加深了他们对生态平衡、生物多样性等概念的理解。

在植物学课程中，树木的生长过程、生态适应性、繁殖方式等都可以作为重要的研究对象。通过对树木的观察和实验，学生能够了解植物的生命过程，培养科学实验的能力。这样的学习不仅有助于科学知识的积累，还培养了学生对自然界的好奇心和求知欲。

此外，树木和森林的存在也为生态系统服务的教育提供了具体的案例。学生可以学习树木对土壤水分的影响、对空气质量的改善，以及它们在生态平衡中的角色。这样的教育使学生不仅明白自然界的复杂性，更能够在实际中感受到人类与自然之间的密切关系。

总体而言，树木和森林在科学教育中扮演了重要的角色，为学生提供了丰富的学习素材和实践机会。通过实地考察、植树活动等方式，学生能够更全面地理解生态系统的运作，培养对环境保护的责任感和绿色生活的理念。这种基于实践的学习不仅促进了科学知识的掌握，还为学生的综合素质培养提供了有力的支持。

（三）科研价值

树木和森林，作为地球生态系统的重要组成部分，在科学研究中扮演着关键的角色。对于生态系统的结构、功能和演化机制的深入研究，有助于人们更全面地了解地球上生命的运行规律，为生态学、气候学等多个领域提供宝贵的研究素材。

通过对树木的研究，科学家能够深入探讨地球历史上的气候变化。树木年轮、树木环形等特征记录着树木生长的年代和环境变化的信息，这为科学家提供了一种还原过去气候变化的工具。通过分析树木年轮的宽窄、环形的形成，科学家能够精确地重建出过去几百年甚至几千年来的气候历史。这种研究方法不仅为人们理解地球气候系统的演变提供了历史维度的视角，还为预测未来的气候变化提供了重要的科学依据。

同时，树木年轮的研究还能够揭示物种演化的过程。树木年轮中的生长环标示了树木生命的岁月，通过对这些生长环的分析，科学家可以推断出树木在不同时期的生长状况，从而了解到环境的变迁和其对植物生长的影响。这就为研究植物对环境的适应性、物种的演化速度等问题提供了重要线索。

在气候变化的背景下，树木和森林的研究对于解决一系列环境问题至关重要。通过对树木年轮和环形的研究，科学家能够确定过去的气候变化对生态系统和植物生长的影响，为环境变化的应对措施提供了科学依据。这对于人们更好地了解气候系统的稳定性，以及为未来的环境保护和气候变化应对提供科学支持具有重要意义。

总体而言，树木和森林作为科学研究的对象，为生态学、气候学等多个领域的研究提供了丰富的素材。通过对树木年轮和环形等特征的深入研究，科学家能够还原气候变化的历史，揭示物种演化的过程，为人类更好地应对未来的气候变化提供有力的科学依据。这种研究不仅拓展了人们对自然界的认识，也为环境保护和可持续发展提供了关键性的支持。

（四）应急救援

自然灾害如洪水、地震等在发生后，树木和森林展现出了不可替代的救援功能。它们能够迅速提供紧急物资，如木材和食物，为救援工作提供必要支持。这种迅速而可靠的供应链在面对灾害时发挥了至关重要的作用，满足了灾区人们的基本需求，提高了灾后救援的效率。

森林的茂密植被不仅为野生动植物提供了自然栖息地，同时也为人类提供了天然的庇护所。在灾害发生时，森林成为避难的理想场所，为灾民提供了相对安全的地方。这不仅有助于减少伤亡，还为紧急救援提供了便捷的通道。救援队伍可以借助森林路径更快速地抵达灾区，提高了应急救援的效率和及时性。

造林绿化在维护生态平衡和促进可持续发展方面发挥了关键作用，具有不可替代的价值。其生态、经济与社会的多维效益使之成为一项全方位的环保措施。通过增加植被覆盖，造林绿化能够减缓水土流失、提高空气质量，对生态系统的恢复和维持自然平衡具有显著影响。同时，林木的生长也为木材和其他森林产品的提供奠定了基础，促进了相关产业的可持续发展。

更深入了解造林绿化的多重效益，可以帮助人类更加清晰地认识到保护和发展自然环境的紧迫性和重要性。这包括对气候调节、水源涵养、防治荒漠化等方面的积极影响。通过科学管理和可持续经营，人们可以更好地实现生态系统的保护与利用的平衡。

在未来，人们应当继续加强对造林绿化的投入和管理，共同努力构建一个更加美好、健康、繁荣的地球家园。这需要国际社会的合作，包括政府、企业和公民的共同努力，共同推动绿色发展、生态保护的进程。通过不断创新和科学引导，人们能够更好地应对自然灾害，实现环境可持续性，为未来的世代留下更为可观的生态遗产。如需获取更多相关信息，建议查阅国家林业和草原局发布的最新科研和实践成果。

第二节　造林绿化工程施工及其特点分析

一、人工造林工程施工及其特点分析

“社会经济不断发展，城市环境也受到人们的广泛关注。”①人工造林工程成为一项至关重要的林业工程建设，通过人为干预在荒山荒地等土地上种植树木，旨在扩大森林资源、提高森林覆盖率、改善生态环境，为实现可持续发展目标贡献力量。

（一）工程施工特点

人工造林工程的施工对象是活的树木，而不同树种在不同的生长环境下对施工质量有着不同的要求。因此，施工技术和方法必须根据实际情况进行巧妙调整，确保每一棵树都能在新的土地上茁壮成长。这需要综合考虑树种的特性、土壤状况、气候条件等因素，制定科学合理的施工计划。

为了保障树木的成活率和生长质量，人工造林工程施工必须充分考虑树木的生长环境和条件，如土壤湿度、光照、温度等。通过科学合理的规划，确保每片土地都能够最大限度地适应树木的生长需求。合理的施工布局和树木间距设置，能够避免过度竞争和资源争夺，有助于树木形成健康的根系结构，提高整体的抗逆能力。

人工造林工程施工不能违背自然规律和生态平衡原则。在种植树木的同时，必须保持对自然环境和生态系统的尊重，以确保新建的生态系统不会对原有生态平衡产生不可逆的影响。这需要在施工过程中避免过度破坏原有植被和动植物群落，保持生态系统的多样性和稳定性。

为确保人工造林工程的施工质量，必须采取科学合理的施工方案和技术措

①吴永秀.造林绿化工程中苗木栽植技术应用研究[J].新农业，2022（5）：18-19.

施。选择适宜的树种是其中关键的一环，确保树种适应当地的土壤和气候条件。合理配置种植密度，科学施肥，采用适度的灌溉等措施，都能够为树木提供良好的生长环境，增强其生存能力。

与此同时，人工造林工程施工并非终点，而是一个长期的过程。必须加强后期管护和监测工作，及时采取措施防止病虫害、自然灾害等对树木生长的影响。只有通过持续监测和管护，才能确保人工造林的效果和可持续性。建立定期巡查制度，采取科学的预防和治理措施，确保树木的生长健康，最终实现人工造林项目的长期成功。这也需要社会各方面的合作，包括政府、科研机构、环保组织和当地居民等，共同致力于人工造林工程的可持续发展。

（二）科学施工方案

在进行人工造林工程时，需要精心考虑和实施一系列关键步骤，以确保项目的成功和可持续性。

第一，选择适宜的树种是人工造林工程成功的基础。由于不同地区的气候和土壤条件差异巨大，必须根据实际情况选用适应当地环境的树种。这需要深入了解每种树木的生态特性，确保其具备对当地条件的适应性，从而提高树木的成活率。因此，在项目初期，进行详细的土壤和气候调查是至关重要的，以便作出明智的树种选择。

第二，合理配置种植密度对于树木的充分生长至关重要。密植可能导致树木之间的激烈竞争，影响它们的生长和发育，而疏植则可能浪费资源，使得整体生态系统失衡。科学合理地规划和配置种植密度，考虑树种的生长特性、根系发育情况等因素，是保障树木个体健康发展和整体生态系统平衡的关键。

第三，科学施肥是人工造林工程中不可忽视的一项任务。通过详细分析土壤的养分状况，可以合理搭配施用肥料，为树木提供必要的养分，促进其生长。科学施肥还能提高树木对病虫害的抵抗能力，增强整体生态系统的稳定性。在这一过程中，关键是确保施肥量和频率符合树木的生长需求，以避免过度施肥带来的负面效应。

第四，人工造林工程施工不仅要注重树木的种植，还需要考虑整体的生态系统修复。这涉及植被的恢复、水土保持等方面。通过全面的修复工作，可以最大限度地还原原有的生态平衡，确保人工造林项目对环境的积极影响。这包括采用生态工程措施，如植被覆盖的建立、水土流失的防治，以促使整个生态系统迅速适应新的植被组成，并保持可持续的生态平衡。

总体而言，人工造林工程需要在多个层面进行科学的规划和实施。通过综合考虑树种选择、种植密度配置、科学施肥及生态系统修复等方面的因素，可以确保项目的成功，并为未来的可持续发展奠定基础。

（三）环境保护与生态恢复

人工造林工程施工的过程不仅是对人工林的建设，更应该是促进整体生态系统的健康和可持续发展的过程。通过科学管理植被、土壤、水资源等要素，旨在提高生态系统抗干扰能力，增强其自我修复能力，以实现对环境的积极影响。

在施工过程中，必须注重防止对原有生态系统的破坏。选择施工地点时，需要综合考虑动植物的栖息地，减少对生态系统的干扰。科学规划施工区域，确保人工造林工程对环境的侵害最小化。这包括避开敏感生态区域，保护原有的生物多样性，以确保整体的生态系统稳定和完整。

水土保持是人工造林工程中一个至关重要的环节。通过采取有效的水土保持措施，如梯田建设、林草混植等，可以减缓水流速度，降低水土流失的程度，从而确保水土资源的可持续利用。这不仅有助于维护土壤的肥沃度，还能减轻对下游水域的污染，维护水质和水资源的可持续利用。通过科学而可行的水土保持措施，人工造林工程能够更好地融入原有生态系统中，实现与自然环境的协同共生。

在整个施工过程中，注重科学管理是关键。这包括对植被的合理配置、土壤的保护、水资源的科学利用等方面。通过对这些要素的精心管理，不仅能够保障人工林的健康发展，同时也有助于整体生态系统的稳定和提升。通过与自然环境的良好融合，人工造林工程可以更好地实现其生态目标，为未来的生态平衡和可持续发展作出积极贡献。

（四）人与自然的和谐发展

人工造林工程的成功不仅仅依赖于科学合理的施工方案和技术措施，还需要通过广泛的宣传和教育来提高社会公众对于环境保护和生态恢复的认知水平。这一过程旨在增强公众参与的积极性，形成全社会共同参与生态建设的氛围。通过宣传教育，人们能够更深刻地理解人工造林的意义和效果，从而更主动地投身于生态环境的保护和改善。

将人工造林工程打造成生态旅游的景区，不仅为人们提供了欣赏美丽风景的机会，更在旅游过程中潜移默化地增强了对自然环境的尊重和保护意识。生态旅游的兴起不仅有助于地方经济的发展，同时也为人们提供了更深层次的环保体验。通过融合自然风光和环保理念，人工造林地区可以成为绿色旅游的典范，吸引游客，推动当地旅游业的繁荣，实现经济与生态的双赢。

此外，人工造林工程的实施也对相关产业起到了推动作用。从事林业、生态旅游、环保科技等行业的人才需求增加，推动了就业市场的活力，形成了一个可持续发展的产业链。人工造林工程不仅提供了直接的就业机会，还间接地促使相关行业的技术和管理水平的提升，推动整个产业朝着更为可持续的方向发展。

人工造林工程施工是一项充满挑战的任务，涉及多学科知识和复杂的生态系统工程。通过科学合理的施工方案和技术措施，人工造林不仅能够有效提高森林覆盖率，还能促进环境保护和生态恢复。在未来，人们需要持续关注并加强人工造林工程的研究和实践，推动人与自然的和谐发展，为子孙后代留下更美好的自然环境。通过这一综合性的努力，人工造林工程将更好地实现其生态、经济和社会的多重效益，为全球可持续发展作出积极贡献。

二、园林绿化工程施工及其特点分析

随着城市化的不断推进，园林绿化工程逐渐崭露头角，成为城市发展中不可或缺的一环。园林绿化工程施工是指按照园林设计要求，通过一系列精细的操作，将植物、花卉、草皮等绿化材料合理配置，创造出宜人的园林景观。这项工程不仅美化城市环境，还通过改善城市生态环境、提高居民生活质量，成为城市可持续发展的重要组成部分。

在园林绿化工程的施工过程中，需要遵循精心设计的园林方案，以确保植被、花卉、草皮等元素能够有机地融合在城市景观中。通过科学的植物选择、合理的空间布局，打造出符合城市特色和居民需求的绿色空间。这既包括城市中的公园、广场，也包括街头巷尾的绿植装饰，使整个城市呈现出一幅生机勃勃、宜居宜游的画面。

园林绿化工程不仅仅是为了追求美观，更是为了提升城市的生态环境。通过增加绿化覆盖面积，有效吸收二氧化碳，释放氧气，改善空气质量，为城市居民提供清新的空气。同时，植物的根系有助于固定土壤，减缓水土流失的速度，改善水质，提高城市的水环境质量。这些环境效益直接影响城市居民的健康和生活品质，为城市的可持续发展打下坚实基础。

除此之外，园林绿化工程施工还涉及对城市生态系统的维护和促进。通过引入各类植物、鸟类和昆虫等自然生态元素，构建城市生态网络，促进生物多样性的提升，保护和维持城市生态平衡。这样的生态系统不仅对城市内的自然生态有益，也为城市居民提供了亲近自然、放松身心的场所。

园林绿化工程施工是城市发展中的一项至关重要的任务。通过精心规划和科学施工，可以在城市中营造出既美观又具有生态效益的绿色景观。这不仅提高了城市的整体形象，也为居民提供了愉悦的居住环境，为城市的可持续发展贡献了积极力量。因此，在未来城市规划和建设中，应继续加强对园林绿化工程的关注和投入，促进城市生态环境的不断改善。

（一）施工对象与技术要求

园林绿化工程施工是一项涉及有生命的植物的细致工程，而不同植物在其生长规律和环境要求上存在显著差异。从树木到花卉，从草本植物到灌木，它们对土壤、水分、光照等方面的需求各异，因此在施工中需要采取差异化的技术和方法，以确保每一种植物都能在城市中的园林环境中茁壮成长。

在园林绿化工程施工中，首要的任务是深入了解不同植物的特性和生长需求。从树木到花卉，每一类植物都有其独特的生长规律、抗逆性和适应性。施工人员需要具备丰富的植物学知识和专业经验，以便针对植物的特性制定科学合理的种植方案。这包括了不同植物的土壤喜好、水分需求、光照条件等多方面的考量。只有通过深入了解植物的生态习性，才能在园林绿化中创造出宜人的生长环境。

施工人员需要针对不同植物的生长特点进行细致而巧妙的操作。从树木的修剪到花卉的搭配，从草坪的修剪到水生植物的配置，每一项工作都需要精湛的技艺和科学的施工方案。合理的植物搭配和布局能够营造出具有美感和层次感的园林景观，为城市增色不少。同时，合理的修剪和管理措施也有助于植物的健康生长，延长植物的寿命，使其更好地融入城市环境。

在实际施工中，考虑到城市中园林绿化的多样性，施工人员需灵活运用各种技术手段。这可能包括土壤改良技术、灌溉系统的设计和维护，以及植物病虫害的防治等方面。科技手段的应用可以提高园林施工的效率，确保植物在城市环境中茁壮成长。

总体而言，园林绿化工程施工是一项需要综合考虑植物特性、施工技术和生态环境的任务。通过施工人员的精湛技艺和科学施工方案，城市中的园林才能够真正成为居民休憩、娱乐和生态环境改善的理想场所。因此，在未来的城市规划和园林设计中，应当重视对施工人员的培训与支持，以保障园林绿化工程的质量和可持续发展。

（二）美学与生态效益结合

园林绿化工程施工是一项需要将美学与生态学原理相结合的任务，旨在创造出优美而生态友好的园林景观。美学原则在植物的配置、路径的设计等方面发挥着决定性作用，通过巧妙的景观设计，使园林成为城市的绿色明珠，为市民提供休憩和娱乐的场所。

在园林绿化工程的美学设计中，首先需要考虑植物的搭配和布局。不同植物具有各自独特的形态、颜色和纹理，通过巧妙组合这些元素，可以创造出多层次、丰富多彩的植物景观。植物的生长高度、叶型和开花季节等特性都需要被充分考虑，以保证园林在不同季节呈现出美丽的面貌。

路径的设计也是园林美学的关键部分。通过合理规划路径的曲线、宽度和材质，可以引导人们的视线，营造出一种舒适、宜人的空间感。适度设置座椅、雕塑等装饰元素，使人们在园林中可以欣赏美景、感受自然的同时，也能够得到良好的休息体验。

然而，美学并非唯一的目标，生态效益同样至关重要。在施工过程中，需要深入考虑植物的生长规律和生态系统的平衡。合理搭配植物，形成生态链条，有利于各类生物的栖息和繁衍，促进生态系统的健康发展。这种做法不仅有益于园林自身的生态韵律，也为城市提供了更加宜居的环境，有助于提高空气质量，增加绿色覆盖率。

生态友好的园林绿化工程可以为城市居民提供更多的自然体验和休闲空间，有助于缓解城市生活的压力。同时，这也符合可持续发展的理念，通过保护和发展生态系统，为后代提供更为宜居的城市环境。在未来的城市规划和绿化工程中，应当继续注重美学与生态学的融合，推动城市园林朝着更加美丽和健康的方向发展。

（三）遵循自然规律与环保

园林绿化工程施工是一项需要遵循植物生长规律的任务，以确保每一株植物健康成长，形成美丽而和谐的园林景观。在施工过程中，需要合理安排植物的搭配和生长空间，避免过度竞争，保障每一株植物都能够得到充足的养分和生长空间。

第一，园林绿化工程施工需要深入了解每一种植物的生长规律和特性。通过对植物的生态习性、生长高度、根系发育等方面的分析，施工人员能够科学合理地安排植物的搭配，形成有机而协调的植物群落。这有助于避免植物之间的过度竞争，确保它们在园林中形成良好的生长状态。

第二，施工过程中需要谨慎对待施工对自然环境的影响。选择施工地点时，要综合考虑原有生态系统的情况，避免破坏当地的生态平衡。通过科学规划，可以最大程度地减少对周边环境的侵害，保护原有植被、动物栖息地等生态要素。在建设过程中，采取适当的防护措施，减少土壤侵蚀、水质污染等负面影响，确保园林绿化工程对自然环境的保护是可持续的。

第三，园林绿化工程施工还需要根据当地的气候条件、土壤特性等因素，选择适宜的植物种类。这有助于提高植物的适应性，降低植物成活率的风险。通过科学合理的植物配置，可以更好地适应当地环境，形成更加健康、有活力的园林景观。

总体而言，园林绿化工程施工要在美学设计的同时，充分考虑植物的生态需求，确保园林景观既美观又生态友好。通过遵循植物的生长规律、谨慎对待施工对自然环境的影响，可以实现园林绿化工程的可持续发展，为城市居民提供更加宜人的自然休憩空间。在未来的园林规划和施工中，应当进一步加强对植物学和生态学知识的应用，以更好地推动城市绿化事业的发展。

（四）后期管护与影响监测

园林绿化工程施工的后期管护是确保园林景观长期保持良好状态的关键环节。在施工完成后，加强植物的养护、修剪、病虫防治等工作是必不可少的，以保障园林景观的健康生长和美观效果。

第一，后期管护需要注重植物的养护工作。包括但不限于合理浇水、施肥、修剪等，确保每一株植物都能够得到足够的养分和生长条件。合理的养护措施有助于提高植物的抗逆性，减少病虫害的发生，保障植物的健康成长。

第二，定期的修剪工作对于园林景观的维护也至关重要。通过合理的修剪，可以控制植物的生长方向，塑造出更加整齐美观的景观形态。定期修剪还有助于促进植物的分枝和新梢生长，增强整体观赏效果。

第三，对于植物病虫害的防治工作也是后期管护的一项重要任务。定期巡查植物，及时发现并处理植物的病害和虫害，采取科学有效的防治措施，避免病虫害对整体园林生态系统的不良影响。

在后期监测方面，及时发现并应对外部影响也是非常重要的。对植物病虫害、自然灾害等进行监测，采取相应的措施，以减轻外部环境对园林景观的不利影响。通过科学手段，如气象监测、生态系统监测等，可以更好地预防植物的损害，保障园林绿化的可持续性。

总体而言，园林绿化工程的后期管护是一个综合性的任务，需要对植物进行全面而细致的管理。通过科学的养护、修剪、病虫防治等手段，以及及时监测和应对外部影响，可以确保园林景观保持优美、健康、可持续的状态。在未来的园林绿化管理中，应当注重培养专业的园林管理人才，借助先进的技术手段，更好地实现园林景观的可持续发展。

第三节　造林绿化工程施工程序及项目管理

一、人工造林工程施工程序及项目管理

随着全球生态环境问题的日益凸显，人工造林工程作为一种积极的环境修复和可持续发展手段，逐渐成为各国关注的焦点。在实施人工造林工程的过程中，科学合理的施工程序和项目管理显得尤为重要。

（一）施工准备

在进行人工造林工程前，关键步骤之一是对施工地进行充分准备。这包括清理地面上的杂草、石头等障碍物，以创造良好的生长环境。通过有效的清理，为后续的植物种植提供了空间和条件。同时，对土壤进行改良也是至关重要的步骤。增加土壤肥力和改善其水分保持能力，有助于植物在新环境中健康成长。这一系列准备工作为人工造林的成功奠定了基础，确保植物在良好的条件下生长，并为整个生态系统的建设打下坚实的基础。

（二）林地布局

在进行人工造林工程时，按照预定的计划进行科学的林地布局是至关重要的步骤。通过合理规划树木的位置和间距，能够最大程度地优化整体林地的美观度和生态效益。科学的布局不仅有助于提高树木的生长效果，还能够在保证生态效益的前提下，创造出更为宜人的景观效果。这种综合考虑生态和美观的策略，使得人工造林不仅能够实现环境保护的目标，同时也为人们提供了一个宜人、美丽的自然空间。因此，精心规划和科学布局是确保人工造林工程取得全面成功的重要环节。

（三）施工组织计划

在人工造林工程中，施工组织计划是整个工程的蓝图，其重要性不可忽视。通过综合考虑工艺关系、组织关系、搭接关系、时间节点等因素，确定出合理的施工进度计划。这一步骤可以被视为整个工程的基础，因为它决定了后续工作的有序展开。合理的施工组织计划有助于确保各项工作有序协调，提高工程的效率和质量。在此基础上，项目团队能够更好地应对可能出现的挑战，保持施工过程的稳定性和可控性。因此，仔细制定和执行施工组织计划是确保人工造林工程顺利进行的重要步骤。

（四）组织培训

在人工造林工程中，对施工人员进行全面的培训是确保工程质量和效果的关键步骤。培训内容包括技能和知识两个方面，旨在确保施工人员具备足够的水平和素养，能够胜任各类施工任务。通过系统的培训，施工人员将熟练掌握相关技能，理解工程的实际要求，并能够灵活应对施工现场的各种情况。这样的培训不仅提高了施工人员的专业水平，也增强了团队的整体协同能力。由于具备充分的技术和知识储备，施工人员能够更好地应对挑战，保障工程的高质量完成。因此，精心设计和实施全面培训计划是人工造林工程取得成功的不可或缺的一环。

（五）综合土方平衡施工

在人工造林工程中，根据地形地貌和具体施工要求进行土方平衡施工是至关重要的步骤。通过科学合理的土方平衡，确保地形平整，排水通畅，为后期种植和生长提供了有力的保障。土方平衡的实施可以有效调整地表高差，创造适宜植物栽种的土地条件。同时，它也有助于预防水土流失问题，保持土地的稳定性。通过精心设计和实施土方平衡施工，不仅为植物提供了良好的生长环境，也为整个工程的成功实施打下了坚实的基础。因此，在工程规划和实施过程中，科学合理的土方平衡是确保人工造林工程取得可持续成功的不可或缺的一环。

（六）抄测定位

在人工造林工程中，抄测定位是基于设计图纸和具体施工要求进行的一项关键工作。通过抄测定位，确定各项工程的平面位置和标高，是确保整个工程的精度和准确性的关键步骤之一。这一过程直接关系到后续工程的正常进行，包括树木的布局、土方平衡等方面。准确的定位工作能够确保树木的合理分布，使整个人工造林的布局更为科学和有序。同时，它也为后续工程提供了可靠的基准，保障整个工程的质量和效果。因此，在工程的初期阶段，抄测定位的认真实施是确保人工造林工程成功的不可或缺的一环。

（七）材料报验

在人工造林工程的准备阶段，对进场的材料进行检验是至关重要的步骤。通过仔细检查材料的质量，确保其符合工程设计和要求，可以防范后期施工过程中可能出现的问题。同时，在检验过程中发现的任何质量问题应当及时纠正或更换，以保障整个工程的施工质量。

按照工程档案资料的管理要求，对相关信息进行整理和归档也是工程管理的重要环节。这有助于建立完整的档案体系，记录施工过程中的关键信息，为今后的管理和维护提供依据。良好的档案管理不仅有助于项目的监管和评估，还能为类似工程提供宝贵的经验教训。因此，对进场材料的检验和档案管理工作是确保人工造林工程质量和效果的基础步骤，为后续工程提供了坚实的质量基础和管理支持。

（八）隐蔽工程施工

在人工造林工程的实施中，对于一些隐蔽工程，如房屋基础、钢筋、水电构配件等，需要进行细致的施工，以确保工程的质量和可持续性。这些隐蔽工程的施工是工程的基础性工作，直接关系到整个工程的安全性和稳定性。

在进行房屋基础施工时，需要确保地基的承载能力满足设计要求，采取科学合理的基础结构形式，以提供稳固的支撑。同时，钢筋的布置和混凝土的浇筑过程需要符合相关的技术标准和质量要求，确保建筑结构的牢固性和稳定性。

对于水电构配件等隐蔽工程，也需要严格按照设计图纸和技术规范进行安装和调试，以确保系统的正常运行和稳定性。细致入微的施工工艺和质量控制是保障整个工程质量的基础，只有在这些基础工作上做到位，才能确保工程的长期可持续性和安全性。因此，对于隐蔽工程的精细施工是人工造林工程中至关重要的环节，它决定了整个工程的质量水平和可持续发展的基础。

（九）绿化地形整理

在人工造林工程中，根据设计要求和地形地貌，对绿化地进行整理是至关重要的步骤。这个过程包括土地平整、土壤改良以及灌溉系统的安装等关键环节。这些工作的合理进行为后续的植物种植提供了有利的生长环境。

第一，土地平整是确保整个绿化地面布局合理的前提。通过科学的地形分析和规划，对地表进行平整处理，消除地势的不平坦，为后续的植物布局和生长创造了良好的基础。

第二，土壤改良是为了提高土地的肥力和透水性。通过添加有机质、改良剂等物质，改善土壤结构，增加养分含量，为植物的生长提供更为适宜的土壤环境。

第三，灌溉系统的安装是保障植物生长所需水分的关键。合理设计和布置灌溉设施，确保植物在成长过程中能够得到足够的水源供应，提高植物的成活率和生长质量。

这些整理工作的科学进行，为后续植物的种植和生长提供了有力的支持，确保了整个绿化工程的顺利进行和取得良好效果。

（十）乔木种植

在人工造林工程中，核心步骤之一是按照设计要求精选适宜的树种和种植方式进行乔木种植。这一环节直接决定了整个工程的效果和成败。

选择适宜的树种是确保人工造林取得成功的基础。树种的选择需要充分考虑当地的气候、土壤条件以及工程的生态目标。只有选用适应性强、生长迅速的树种，才能在短时间内形成茂密的森林覆盖，实现绿化的效果。

种植方式的选择也是至关重要的。根据树种的特性和生长环境的不同，可以采用不同的种植方式，如直接播种、移植幼苗、使用容器苗等。科学合理的种植方式有助于提高树木的成活率和生长速度。

在乔木种植的过程中，需严格按照设计要求和技术规范进行操作，确保每棵树木都得到适当的栽植深度、根系保护等关键步骤。只有通过精心的种植工作，才能培养出健康茁壮的树木，实现人工造林工程的预期效果。

通过细致的策划和科学的实施，人工造林工程得以顺利展开，为改善生态环境、提高绿化效果奠定了坚实的基础。

（十一）其他植物种植

在人工造林工程中，根据设计要求进行其他植物的种植是至关重要的环节。这包括灌木、花卉、草坪等多种植物的种植，旨在通过多样化的植物配置，形成丰富的植被，从而提高整体的生态效益。

对于灌木的选择和种植，需要考虑其适应性、生长特性以及与周围环境的协调性。合理的灌木配置可以增加植被的层次感，提升整体的生态景观效果。

花卉的引入也是增色添彩的关键。选择各类花卉植物，可以在绿化地中形成季节性的花海，为人工造林区域增添生机和美感。同时，不同花卉的开花周期和颜色搭配，可以打造出多彩的园林景观。

草坪的种植是提高地表覆盖度、改善土壤保水保肥能力的有效手段。通过科学合理的草坪布局，可以增加绿化区域的整体舒适度，为人们提供宜人的休闲场所。

（十二）园建饰面施工

进行园路、台阶、栏杆等园建饰面的施工是人工造林工程中不可或缺的关键步骤。这一阶段的工作旨在打造具有宜人休憩功能的场所，为人们提供更好的游览和休憩体验。

第一，园路的施工需要考虑地形地貌，通过科学规划和合理的设计，确保道路的走向和坡度符合人体工程学原理，提高步行的舒适性。合适的园路布局既能引导游客流线，又能在美学上为整体景观增色。

第二，台阶的设置对于地形高差的处理至关重要。科学合理的台阶设计既有助于游客的便捷移动，又能提升景观的层次感，使整体园林更显秩序和美观。

第三，栏杆等园建饰面的施工不仅具有实用性，还能够在视觉上丰富景观，为园林增添一份独特的风采。选择符合整体设计风格的栏杆样式，通过巧妙的布局，使其成为景观中的一部分，提升整体园林的观赏性。

通过对园建饰面的用心设计和施工，人工造林工程得以转化为宜人的休憩场所，为人们提供舒适的环境，同时将自然美与人文景观巧妙融合，使整个园林景观呈现出更加丰富和引人入胜的面貌。

（十三）配套工作

进行给水、排水、电气、暖通等配套设施的安装和调试是人工造林工程中的必要环节。这一关键步骤旨在确保园林设施的正常运转，以满足人们在园区内的各项使用需求。

第一，给水系统的安装和调试是为了保障园内植物的灌溉需求和景观水体的正常运行。通过科学规划和精密调试，确保水源充足、灌溉均匀，为植物的生长提供良好的生态条件，同时维护园林水体的景观效果。

第二，排水系统的建设是为了有效排除雨水和园区内其他水源，防止积水和泥沙的滞留，确保园地干燥通风，为植物的生长创造适宜的土壤环境。

第三，电气系统和暖通系统的安装和调试则是为了提供良好的照明和温度条件。科学合理的电气布局能够为园区提供足够的照明，增强夜间景观效果。而暖通系统则在寒冷季节内维持合适的温度，为植物提供温暖的生长环境。

通过对这些设施的精心设计和调试，人工造林工程可以在设施正常运转的基础上，为游客提供更为便捷舒适的参观体验，确保园林环境的整体品质和可持续性。

（十四）施工监督管理

监督管理是人工造林工程中至关重要的一环。通过对整个施工过程的细致监督，确保工程的各个环节和步骤都符合预定的设计和要求。

第一，监督管理要关注施工质量。通过定期巡检和抽查，确保各项工程的施工符合相关标准和规范，防范和及时处理可能存在的施工质量问题，保障工程的可持续性和长期效益。

第二，监督管理要注重进度控制。通过科学的施工进度计划和项目管理，及时发现工程进度中的滞后和问题，采取有效措施保证工程的有序推进，确保按时完成施工任务。

第三，监督管理还需关注施工安全。制定科学合理的安全管理方案，确保施工现场的安全措施得到贯彻执行，防范事故发生，保护工程人员的人身安全。

通过全面的监督管理，可及时发现并解决施工过程中的各种问题，确保人工造林工程的顺利进行。这种细致入微的管理手段将有助于提高工程的质量、效率和安全性，从而实现整个项目的圆满成功。

（十五）竣工验收

竣工验收是人工造林工程的最终环节，是对工程全过程进行全面评估和验收的关键步骤。

第一，竣工验收将对工程质量进行综合评估。通过检查施工过程中的各项技术指标和工程质量标准，确保工程达到设计规定的质量标准，符合相关法规和标准的要求。

第二，竣工验收将对工程效果进行审查。对植被覆盖率、景观效果等进行综合评估，验证是否达到了预期的设计效果，以保证工程实现了预期的环境改善和生态效益。

第三，竣工验收还将关注工程过程中的文档资料管理。对档案资料的完备性、准确性进行审查，确保工程的记录和信息都得到妥善保存，以便今后的管理和维护。

竣工验收将形成最终验收报告，对整个工程的成功与否进行总结和检验。这一过程旨在保证人工造林工程在质量、效果和文档管理等方面都能够圆满完成，为后续管理和维护提供可靠的依据。

人工造林工程施工程序及项目管理是一项系统而复杂的工程，它不仅仅关乎树木的生长，更关乎整个生态环境的改善和人与自然的和谐发展。通过精细化、科学化的管理，人工造林工程能够更好地发挥其生态、经济和社会效益，为构建绿色、可持续的生态环境作出积极贡献。在未来的实践中，人们需要不断总结经验，推动科技与管理的深度融合，以更加高效、可持续的方式推进人工造林工程，为子孙后代留下美好的自然遗产。

二、园林绿化工程施工程序及项目管理

在现代社会，城市绿化成为改善人居环境、提高生活品质的重要手段之一。园林绿化工程作为实现城市绿化的具体实践，其施工程序及项目管理显得尤为重要。

（一）施工前的准备

第一，现场清理，这涉及清理施工区域内的各类垃圾、杂草以及残余的建筑物等。这个环节的目标是创造一个清洁整齐、适宜施工的工作环境，为后续的工作提供有力支持。

第二，测量定位，通过科学的测量和定位工作，根据设计图纸精确确定施工的具体位置和范围。这一步骤的准确性直接关系到整个工程的顺利进行，是工程实施的基础。

第三，明确施工范围，即根据规划和设计确定整个工程的具体范围。这不仅包括园区的大小和形状，还需要考虑特殊区域的规划，确保整个绿化工程符合预期的设计要求。这一步骤需要进行全面的综合考虑，以确保工程的整体规划能够达到美观、实用和环保的要求。

这三个步骤构成了绿化工程施工前的准备工作，通过科学合理的规划和细致的实施，确保整个工程从一开始就有序有据地推进。这为后续的具体施工工作奠定了坚实的基础。

（二）土方施工

土方施工是园林绿化工程中的重要环节，根据设计图纸进行土地平整和挖掘种植穴等工作。

进行土地平整是为了创造出适宜植物生长的地形。通过科学的平整工作，可以使土地表面更加平坦，有利于后续的种植和园路铺设，提升整体园区的美观度。

挖掘种植穴是为了为植物提供良好的生长环境。挖掘的深度和形状需要根据植物的生长特性和设计要求进行合理规划。这些种植穴不仅有助于植物的根系扎根，还可以提供适当的土壤容积，确保植物获得足够的养分和水分。这一步的目

的是为后续的绿化工作打下坚实的基础，创造出适宜植物生长的土地条件。通过科学合理的土方施工，确保整个园林绿化工程的生态效益和景观效果。

（三）管线和线路的安装

在园林绿化工程中，根据设计图纸进行给排水管线和供电线路的安装是一项重要的工程步骤。给排水系统的安装旨在为园区提供充足的灌溉水源，满足植物生长所需的水分需求。通过科学合理的设计和安装，确保灌溉系统能够覆盖整个园区，保障各个植物都能得到适量的水源，提高生态系统的稳定性。

同时，供电线路的安装是为了满足园区内的照明和其他电力需求。通过科学规划线路，确保各个角落都能得到充足的供电，为园区内的设施和活动提供可靠的电力支持。这一步的目的是为园区内各项设施提供必要的基础设施支持，保障植物生长所需的水源和供电需求。通过合理的管线和线路布局，确保整个园林绿化工程在后续的使用中能够顺利进行，为园区提供一个舒适宜人的环境。

（四）修建园林建筑

在园林绿化工程中，根据设计图纸修建园林建筑，如亭子、花架等，是为了增加园区的美观度和休闲度，为市民提供宜人的休憩场所。这一步骤涉及对建筑结构、样式和布局的具体实施，旨在营造出具有艺术感和实用性的园林景观。

通过科学合理的设计和精湛的施工，园林建筑可以与周围的自然环境融为一体，形成和谐的整体景观。亭子、花架等建筑不仅为游客提供了休息的场所，同时也作为景观元素，丰富了整个园区的空间层次和景色变化。这一步的目标是使园区更具吸引力，提升市民的休闲体验。通过打造美丽、实用的园林建筑，不仅增强了园区的观赏性，还为市民创造了一个宜人的环境，促进了人们对自然的欣赏和休闲活动的展开。

（五）大树移植

大树移植是园林绿化工程中一项复杂而关键的工作，根据设计要求进行大树移植时，特别需要注意保护大树的根系。保护根系的工作包括谨慎挖掘、使用合适的移植工具、减少根系的损伤等方面。

移植团队需要根据大树的生长状态和移植的具体要求，制定详细的移植计划。在挖掘的过程中，要避免过度损伤根系，采用科学的技术手段，如气割、水刀等，确保大树根系的完整性。

移植时要选择适当的季节进行移植，以降低大树的生长压力。在移植过程中，要保持足够的水分供应，防止大树失水和移植术后的休克。

移植后要进行精心的护理，包括及时浇水、施肥、修剪等工作，以促进大树尽快适应新的生长环境。通过细致而科学的大树移植工作，确保大树在新的位置能够顺利生长，为园区提供独特而成熟的景观。

（六）铺装道路、广场

根据设计图纸进行道路、广场等区域的铺装是园林绿化工程中的一项关键步骤。在这个过程中，需要仔细考虑材料的选择，以确保其具有足够的耐久性和适应性，能够应对不同的季节和气候条件。

在选择铺装材料时，要充分考虑其在不同气候条件下的性能表现。例如，耐高温、耐寒冷、抗紫外线等特性都是需要考虑的因素。材料的抗滑性也是在湿润天气中确保人们行走安全的重要考虑因素。了解材料的环保性是一个不可忽视的方面。选择对环境友好的铺装材料，有助于减少对自然环境的消极影响，符合可持续发展的原则。

在施工过程中，需要确保材料的合理使用和精准施工，以保证道路、广场等区域的平整度和美观度。科学的施工手段可以确保铺装的耐久性和稳定性，提高园区整体的观赏性和实用性。铺装道路、广场等区域不仅满足了交通和休闲需求，而且为园林景观的美化和整体效果的提升作出了积极贡献。

（七）种植小乔木及灌木

根据设计图纸进行小乔木及灌木的种植是园林绿化工程中的关键步骤之一。这一过程旨在增加园区的绿化面积，形成多层次、多元化的植被结构，以丰富园林景观，提高生态效益。

选择适宜的小乔木和灌木品种至关重要。根据设计要求和环境特征，科学合理地挑选植物种类，确保其能够适应当地的气候、土壤等条件，提高成活率和生长质量。

在进行种植时，需要严格按照设计图纸的要求，精确测量和布局植株的位置和间距。合理的植栽布局不仅有助于各个植物的良好生长，还能够形成美观的植被景观。

在整个种植过程中，注意保护植物的根系，提供适宜的土壤改良和养分补给，以促进它们的生根和生长。科学的养护措施将有助于确保小乔木和灌木迅速适应新的生长环境。

通过小乔木及灌木的种植，不仅能够增加园区的绿化密度，形成独特的植被景观，同时也为园林提供了更加丰富的生态功能，为居民提供更加宜人的休闲空间。

（八）铺装草坪

选择适宜的草种，按照设计图纸进行草坪铺装是园林绿化工程中的重要步骤。草坪在园区中扮演着绿化美化的重要角色，具有良好的观赏性和生态功能。

草坪的成功铺装需要仔细选择适宜的草种。不同地区的气候、土壤和光照条件各异，需要根据实际情况选择适应性强、抗逆性好的草本植物，以确保草坪的成活率和整体美观度。

在进行铺装时，要严格按照设计图纸的要求进行施工。精确的测量和合理的布局是确保草坪均匀、整齐的关键。良好的草坪铺装不仅能够提高整体园区的美观度，还能有效地控制土壤侵蚀，减缓水流速度，降低水土流失的程度。

为了确保草坪的健康生长，施工过程中还需注意适时灌溉和施肥。科学合理的养护措施可以为草坪提供足够的水分和养分，促进植被旺盛生长，使整个园区呈现出翠绿的景色。

通过选用适宜的草种，按照设计图纸进行草坪铺装，园林绿化工程将获得美观、整洁、生态友好的绿色草坪，为居民提供宜人的休闲场所，同时提高整体生态环境的质量。

（九）种植地被

按照设计图纸进行地被的种植，如花坛等，是园林绿化工程中关键的一环。这一步骤旨在增加园区的色彩层次，创造出丰富多彩的景观，提升整体的美观度和观赏性。

地被植物的选择至关重要。需要根据设计要求和地区气候条件，精心挑选适宜的花卉和植物，确保它们在所处环境中生长繁茂、花色丰富。不同的花卉植物具有各自的生长特性和观赏效果，因此在种植过程中要根据图纸的设计要求进行巧妙的搭配和布局。

合理的布局和设计是确保地被植物发挥最大美化效果的关键。通过科学规划花坛、花境等地被区域，使其与周围的绿化景观协调搭配，形成整体的景观效果。不仅要考虑植物的生长高度、形状，还要注重花卉的季节性和颜色搭配，确保四季有花开，园区一直充满生机和色彩。

通过精心的地被植物种植和设计，园林绿化工程将呈现出一幅绚丽多彩、层次分明的画卷，为人们提供了欣赏和休憩的美好场所，同时为整个园区增添了生机和活力。

（十）施工过程中的监督和检查

在园林绿化工程的施工过程中，持续的监督和检查是确保工程质量的关键步骤。这一过程旨在保证每个环节的施工都符合严格的设计和规划要求，以确保整个工程的顺利进行。

监督和检查涉及多个方面，包括但不限于施工现场的安全状况、材料的质量、施工工艺的执行情况等。监督人员需要对这些方面进行全面的观察和评估，确保施工过程中不会出现质量问题或安全隐患。

及时发现问题并采取有效的解决措施是监督和检查的核心。如果在施工中发现任何偏差或不符合要求的情况，监督人员应立即与相关责任方沟通，并协助采取纠正措施。这有助于防范问题进一步扩大，保障整个工程的质量。

通过持续的监督和检查，不仅可以保证园林绿化工程按照设计要求有序进行，还有助于提高工程的整体效果和可持续性。这一过程需要团队成员密切合作，确保工程的每个细节都能够达到高标准，最终呈现出美丽、安全、高质量的园林景观。

（十一）竣工验收

在园林绿化工程的末尾，进行竣工验收是确保工程质量和效果的重要步骤。这一过程涵盖了对整个工程的全面评估和验收，旨在最终确认工程的完成情况。

竣工验收的首要任务是对工程质量进行细致评估。通过对每个施工环节、各项设施以及景观元素的检查，确保它们符合设计图纸和规划要求。同时，对施工材料的质量进行检测，以确保其符合相关标准和要求。

效果验收是另一重要方面，包括对整体园林景观的美观度、生态效益、功能性等方面进行评估。确保园区各个区域都符合设计要求，形成和谐的植被结构和景观布局。

这一过程需要由专业验收人员进行，他们应对工程的各个方面进行仔细检查，并与设计图纸和规划进行对比。如果发现任何不符合要求的地方，需要及时提出整改意见，确保问题得到及时解决。

竣工验收的成功完成是对整个园林绿化工程的总结和检验。通过全面的评估和验收，可以确保工程的质量和效果符合预期，为未来的园林维护和发展奠定坚实基础。

（十二）后期维护和管理

园林绿化工程的完工并非终点，而是标志着后期维护和管理的启动。在这个阶段，需要进行定期的维护工作，以确保园区的绿化效果能够长期保持。

其中，对绿化植物的定期修剪是关键的维护措施之一。通过修剪，可以保持植物的形态美观，促进分枝生长，改善整体植物的健康状况。此外，及时清理枯枝败叶，有助于防止病虫害的滋生，维护园区整体的卫生环境。

灌溉是另一个至关重要的维护工作。确保植物得到充足的水分供应，特别是在干旱季节，有助于维持植物的正常生长和发育。科学合理的灌溉系统设计和定期检查是保障植物健康的必要手段。

同时，对于草坪、地被植物等区域，要进行适度的施肥，提供必要的养分，促进植物的繁茂生长。合理施用有机肥料和矿物质肥料，有助于保持土壤的肥力和结构。

在整个维护过程中，及时发现并处理可能存在的问题，如病虫害、水浸、树木倒伏等，是确保园区绿化效果持久的关键。通过科学合理的维护措施，园林景观不仅能够长期保持美丽，还能为居民提供一个宜人的休闲环境。

园林绿化工程施工程序及项目管理是一项综合性的任务，它不仅仅关乎建筑工程的实施，更涉及生态环境的改善和城市居民的生活品质提升。通过精细化、科学化的管理，园林绿化工程能够更好地发挥其社会、经济和生态效益，为打造宜人的城市环境作出积极贡献。在未来的实践中，人们需要继续探索更加高效、可持续的绿化工程实施方式，促进城市绿色发展，为后代留下美好而宜居的环境。

第四节　不同立地条件的造林绿化施工要点

立地条件对人工造林和园林绿化施工的影响非常大，不同的立地条件会对施工的难度、方法、效果等方面产生影响。

一、不同立地条件下人工造林的施工影响与要点

（一）不同立地条件对人工造林施工的影响

对于人工造林来说，立地条件的影响主要体现在以下方面。

1. 人工造林的土壤类型和性质

土壤对树木的生长有着直接而深刻的影响，这是因为不同土壤类型和性质在提供养分、保持水分、排水性能等方面存在差异。了解并充分利用土壤的特性，对于选择合适的树种以及促进它们的生长至关重要。

沙质土和黏土是两种常见的土壤类型，它们对树木的生长产生明显的差异。在沙质土壤中，因为颗粒较大、通气性好，水分排水较快，适合一些对排水性能要求较高的树种，如松树、柏树等。然而，沙质土壤通常容易失去养分，因此需要额外的肥料供给来满足树木的生长需求。

相比之下，黏土颗粒较小，保水性能较好，但排水性能较差。这使得黏土更适合一些对水分供应要求较高的树种，如柳树、榉树等。然而，对于生长在黏土中的树木，通常需要采取措施改善土壤通气性，以避免水对根系的不利影响。

土壤中的养分含量也是选择合适树木的重要因素。不同类型的土壤中养分的丰富程度存在差异，而一些树种对养分的需求也不同。因此，在进行人工造林或树木种植时，必须对土壤中的养分进行测试，并相应地选择适应该土壤类型的树木。

除了土壤类型和养分含量，还需要考虑土壤的酸碱性。有些树种对酸性土壤更为适应，而有些则对碱性土壤更为耐受。因此，在进行树木的选择时，要了解土壤的pH值，以确保选取的树种与土壤环境相容。

综合考虑土壤的这些特性，可以通过科学合理的树种配置和土壤管理，优化人工造林工程的效果。例如，在不同类型的土壤中合理搭配树种，利用混栽的方式形成多层次的植被结构，提高整体的生态效益。在施工过程中，还可采用土壤改良措施，如有机物质的添加、灌溉管理等，以提高土壤的肥力、通气性和排水性，为树木的健康生长创造良好的土壤环境。因此，在人工造林工程中，充分认识并合理利用土壤特性，将有助于提高树木的成活率、促进生长，实现生态系统的健康发展。

2. 人工造林的水分

水分是影响树木健康生长的至关重要的因素之一。在人工造林工程中，合理管理和确保水分供应，对提高树木的成活率和促进生长起到关键作用。

了解并满足树木的水分需求是水分管理的核心。不同的树种对水分的需求存在差异，因此在进行人工造林时，需要根据所选择的树木种类，合理制定灌溉计划。对于一些耐旱树种，可以采取相对较少的灌溉频率，而对于喜湿树种，则需要更为频繁的灌溉。

根据立地条件的水分状况调整灌溉策略。如果人工造林的立地条件中水分充足，可以适度减少灌溉次数，以防止水对树木的不利影响。相反，如果立地条件中水分相对不足，灌溉就显得尤为重要，以确保树木得到足够的水分供应，促使其健康生长。

在水分管理中，还可以采用节水灌溉技术，如滴灌、喷灌等，以提高灌溉水分利用效率，减少水资源的浪费。此外，覆盖地表，采用覆膜等措施，有助于减少土壤水分蒸发，提高土壤保水能力。

除了灌溉，对于水分的合理利用也包括科学管理土壤水分。通过合理施肥，改良土壤结构，提高土壤水分保持能力，有助于在较长时间内维持土壤的湿润状态，从而为树木提供充足的水分。

总体而言，水分管理是人工造林工程中至关重要的一环。通过科学合理的灌溉策略、水分利用技术和土壤管理手段，可以更好地满足树木的生长需求，提高树木的抗旱能力，确保人工造林工程的顺利进行。在未来的实践中，还需要不断深化水分管理的研究，结合当地气候和土壤条件，精细化水分管理方案，推动人工造林工程取得更为显著的生态效益。

3. 人工造林的地形地貌

地形地貌的多样性对人工造林工程的实施提出了不同的挑战和要求。在山坡和平原等不同地貌上进行人工造林时，需要采取相应的策略和方法，以促进树木的生长和保护生态环境。

在山坡地区进行人工造林时，需要考虑的是地形的陡峭度和坡度。针对不同坡度的区域，可以采取防止水土流失的措施，如梯田建设、植被覆盖等，以减缓水流速度，降低水土流失的程度。此外，根据地形的起伏，需要科学合理地选择适宜的树种和种植方式，以确保树木在坡地上能够牢固扎根，提高抗风蚀和土壤保持的能力。

对于山地区域，土壤的深度和质地也是考虑的重要因素。在选择树种时，需要结合土壤的特性，选择适应性强、根系发育良好的树木，以确保其在较浅或较贫瘠的土壤中仍能生长茁壮。此外，科学的土壤改良措施也是关键，通过添加有机物质、施用合适的肥料，提高土壤的肥力和水分保持能力，有助于树木的生长和成活。

而在平原地区进行人工造林时，需要注意的是土壤的排水状况。平原地带通常容易积水，因此需要通过排水系统的建设，保持土壤的透气性，防止水分过度滞留。此外，根据平原地区的气候特点，选择适应该地区生长的树种，提高其对湿润环境的适应性。

在人工造林工程中，不同地形地貌的差异性需要进行科学合理的规划和管理。通过对地形地貌的深入了解，采取差异化的技术和方法，可以更好地促进树木的生长，提高人工造林工程的生态效益，实现对环境的可持续管理。在未来的实践中，需要继续强化地形地貌与人工造林之间的关系研究，以提供更为有效的技术支持和管理经验。

4. 人工造林的生物环境

生物环境的复杂性是人工造林工程中需要认真考虑和处理的一个方面。在不同地区和不同生态系统中，可能会面临各种生物因素的影响，其中包括但不限于病虫害、动物啃食等。因此，在进行人工造林时，需要采取一系列综合而科学的措施，以保护树木免受生物环境的不良影响。

病虫害是人工造林中常见的问题之一。不同地区的气候和生态环境差异较大，可能导致特定类型的害虫和病原体大量繁殖。为了有效应对病虫害问题，首先需要对当地的害虫和病原体进行调查和监测，了解它们的生态特性和传播规律。随后，可以采用生物防治、化学防治等多种手段，根据实际情况科学施行，确保树木的健康生长。

动物啃食也是人工造林中常见的生物环境问题。一些野生动物，如鹿、野兔等，可能对树木的嫩芽、树皮等部位进行啃食，给树木带来直接损害。在这种情况下，可以采取措施，如设置防护栏、喷洒防啃涂料等，以减少动物的侵害，保护树木的生长。

此外，引入天敌、提高树木的自身抗性等方法也是有效的手段，通过生态平衡的方式来维持生物环境的稳定。例如，引入食肉性昆虫或捕食性鸟类，来控制有害昆虫的数量，从而减轻病虫害对树木的影响。

在生物环境方面，科学的监测和管理是至关重要的。定期进行生物多样性调查，了解生态系统中各个层面的相互关系，有助于制定出更有针对性的保护和管理方案。人工造林工程需要在综合考虑土壤、气候、地形等多个因素的基础上，全面谋划生物环境管理策略，以确保树木的生长状况和整体生态系统的健康发展。未来的研究和实践中，应该加强生物环境与人工造林之间的交互关系研究，以进一步提高人工造林工程的生态效益。

（二）不同立地条件下人工造林的施工要点

不同立地条件，如涝洼地、盐碱地、干旱地和岩石裸露地，对人工造林的影响及人工造林的施工要点，见表6-1。

表6–1 不同立地条件下人工造林的施工要点

土地类型	影响	施工要点
涝洼地	土壤长期过湿，树木根系缺氧、生长受阻甚至死亡	选择耐涝性强的树种；加强排水设施建设，如开挖排水沟、设置排水管等
盐碱地	土壤盐分含量高，抑制树木生长，导致生长缓慢、叶片黄化甚至死亡	选择耐盐碱的树种；采取土壤改良措施，如施加石膏、有机肥料等降低土壤盐分含量
干旱地	水分缺乏，土壤干燥，树木生长受限，易导致树木萎蔫、落叶、生长不良	选择耐旱性强的树种；加强灌溉设施建设，采用节水灌溉技术，如滴灌、喷灌等
岩石裸露地	土壤层薄、贫瘠，树木生长困难，根系难以伸展	选择适应性强的树种；进行局部土壤改良，如添加客土、有机肥料等；采取固土保水措施，如种植地被植物、覆盖有机物等

二、不同立地条件对园林绿化施工的影响与应对要点

（一）不同立地条件对园林绿化施工的影响

对于园林绿化施工来说，立地条件的影响主要体现在以下方面。

1. 园林绿化的土壤类型和性质

土壤类型和性质对园林绿化施工的影响是极其重要的，因为土壤是植物生长的基础，直接关系到园林绿化工程的成败。

（1）土壤类型的差异

土壤类型的差异在园林绿化施工中具有重要意义。地区的土壤类型包括砂壤土、壤土、黏壤土等，对于植物的生长有直接的影响。在进行园林绿化施工之前，务必认真了解当地土壤的类型，并根据其特性选择适宜的植物种类，以确保植物能够在最适合它们的土壤环境中茁壮成长。

砂壤土通透性较好，但保水能力相对较差，容易导致水分迅速排出，因此适合选择一些耐旱、喜欢排水良好的植物。这样的土壤环境有助于植物根系的通风和生长。

壤土是一种介于砂壤土和黏壤土之间的土壤类型，通透性和保水性相对平衡。在这种土壤中，可以选择适应中等湿润环境的植物，以确保它们在适度潮湿的土壤中生长良好。

黏壤土保水性较强，但通透性较差，容易形成积水。因此，在这种土壤

中，应选择能够适应潮湿环境、不喜欢干旱的植物。这样有助于保持土壤的湿润程度，促进植物的生长。

总体而言，了解土壤类型对于选择适宜的植物至关重要。这不仅有助于提高植物的成活率，还有利于园区整体的生态平衡。在园林绿化施工中，根据土壤类型精心选择植物，将为园区创造出更为宜人的环境。

（2）土壤改良工作

针对不同土壤特性，进行土壤改良是园林绿化施工中的关键步骤。土壤改良的方法多种多样，其中包括施加有机肥料、混合砂土改善通透性等。

第一，通过施加有机肥料，可以有效改善土壤的肥力。有机肥料中富含有机质，能够为土壤提供养分，促进微生物活动，有助于形成更为肥沃的土壤，提高植物的养分吸收能力，促进它们的生长。

第二，混合砂土是改善土壤通透性的一种有效手段。特别是对于黏壤土壤，混入适量的砂土可以有效改善土壤的排水性，避免水分积聚，减少根系病害的发生。这样的改良措施有助于提供更为适宜的土壤环境，促进植物的健康生长。

通过科学合理的土壤改良手段，可以提高土壤的通透性和保水性，优化植物的生长环境。这对于园林绿化施工来说至关重要，为植物提供了更为适宜的土壤基础，有助于它们茁壮成长，同时也为整个园区的生态平衡作出了积极贡献。

（3）酸碱度的调节

土壤的酸碱度是园林绿化施工中需要重点考虑的因素之一。不同植物对土壤酸碱度有着不同的适应性，因此在施工前需要对土壤进行调查，并根据需要进行酸碱度的调节。

在一些酸性土壤中，可能需要添加中和剂，如石灰等物质，以提高土壤的酸碱度。这有助于创造更为中性的土壤环境，使得更广泛的植物可以在其中茁壮成长。中和酸性土壤的同时，也有助于减轻土壤中可能存在的对植物生长不利的物质。

在碱性土壤中，可能需要添加酸性物质，以降低土壤的酸碱度。这种调节措施有助于创造更为适宜的生长环境，特别是对一些对酸性环境较为敏感的植物而言。

科学合理地调节土壤的酸碱度，可以为植物提供更适宜的生长环境，有助于它们的根系吸收养分，促进正常的生理活动。这一步骤对于园林绿化工程来说至关重要，确保植物在园区中能够健康成长，为整个生态系统的形成和维护作出贡献。

（4）植物适应性的选择

在园林绿化施工中，根据土壤的性质选择适应性强的植物种类是至关重要的一环。不同类型的土壤具有不同的养分含量、通透性、保水性等特性，因此，植物的生长状况受到土壤性质的直接影响。

一些植物对于贫瘠土壤更具适应性，它们能够在养分相对较少的土壤中生存并茂盛生长。这些植物通常具有较强的抗逆性和适应性，能够适应较为恶劣的土壤条件，为园区的绿化提供了更多的选择。

有些植物更适合在肥沃的土壤中生长。这类土壤富含养分，提供了植物所需的多种元素，有利于它们的生长和发育。在这样的土壤中选择适应性强的植物，可以更好地发挥土壤的肥沃性，促进植物的繁茂生长。

因此，在进行园林绿化工程时，根据土壤的特性和植物的生长需求，科学合理地选择植物种类是确保绿化效果的关键之一。通过精心的植物选择，可以使园区内的植物更好地适应土壤环境，形成健康、美丽的绿色景观。

（5）水分管理

土壤的持水性在园林绿化工程中扮演着重要的角色。不同土壤类型具有不同的持水性，这直接影响到植物在园区中的生长和发展。因此，在进行绿化工程时，需要充分了解土壤的特性，特别是其持水性，以便合理规划灌溉系统，确保植物获得足够的水分。

一些土壤的持水性较好，它们能够更有效地保持水分，为植物提供一个相对湿润的生长环境。而另一些土壤的持水性可能较差，容易导致水分迅速排失，使土壤较为干燥。在这两种情况下，都需要通过科学的灌溉系统来调节土壤的水分状况，以满足植物对水分的需求。

在设计和施工灌溉系统时，需要考虑土壤的持水性差异，选择合适的灌溉方式和时机。对于持水性好的土壤，可以采用适量的灌溉来保持土壤湿润；而对于持水性差的土壤，则需要采用节水技术，避免过量灌溉导致水分浪费。

通过科学合理的灌溉规划，可以最大程度地满足植物的生长需求，保障园林绿化工程的成功进行。这也是在不同土壤环境下实现植物合理生长的重要措施之一。

（6）防治土壤侵蚀

在进行园林绿化工程的施工过程中，防治土壤侵蚀是一项至关重要的任务。土壤侵蚀是指水流或风力等外力对土壤表面的冲击，导致土壤颗粒被剥蚀、流失的现象。为了保持土壤的稳定性，需要采取一系列措施来有效防治土壤侵蚀，确保植物生长的良好环境。

一种常见的防治土壤侵蚀的方法是设置护坡。通过在坡地上建造固定结构，如石墙或木桩，可以有效减缓水流速度，防止水流对土壤的冲刷和侵蚀。此外，植被的覆盖也是有效的防治土壤侵蚀的手段，通过植被的根系固定土壤，减少水流对土壤的冲击。

在阳光充足的区域，搭建遮荫网也是一种有效的方法。遮荫网可以减缓雨水的冲击力，防止土壤颗粒被冲刷，同时还能起到遮荫保湿的作用，有利于植物的生长。

这些防治土壤侵蚀的措施应根据具体的地形和环境特点来进行合理的选择和组合，确保园林绿化工程中土壤的稳定性，为植物提供一个安全、稳定的生长基础。通过综合运用这些方法，可以降低土壤侵蚀的风险，维护园区的整体生态系统。

2. 园林绿化的水分

水分同样是园林绿化施工的重要因素。在干旱地区，需要采用灌溉等措施来满足植物生长的需求。同时，水体的存在也会对园林绿化施工产生影响。

（1）植物的水分需求

在园林绿化施工中，不同植物对水分的需求存在差异，因此在灌溉系统的规划和设计中需要充分考虑这一因素。针对植物的特性和生长环境，精确测算植物对水分的需求量，是确保园林中每一株植物都能获得适量水分的关键步骤。

第一，通过植物学的专业知识，了解每一类植物的生长特性，包括其对水分的敏感程度、生长阶段的需水量等方面。这有助于建立植物水分需求的基准，从而为灌溉系统的设计提供科学依据。

第二，在实地施工前，进行详细的水文调查，了解土壤的水分状况和分布。通过科学测算，确定每个植物生长区域的土壤水分供给情况，为合理灌溉提供数据支持。

根据植物需水量和土壤水分情况，进行精细的灌溉系统规划。采用现代化的灌溉技术，如滴灌、喷灌等方式，确保每一株植物都能得到适宜的水分供给。此外，还可以结合自动化灌溉系统，实现智能化的植物灌溉管理，提高灌溉的效率和精准度。

通过科学合理的植物水分需求测算和灌溉系统规划，可以有效避免过度或不足的灌溉，提高水资源的利用效率，同时保障植物在园林中的健康生长，确保整个绿化工程的可持续性。

（2）灌溉系统的设计

在面临干旱地区或缺水时段的园林绿化工程中，科学合理的灌溉系统设计显得尤为重要。该设计需要考虑到植物的水分需求，灌溉的频率、强度和方式等因素，以最大程度地满足植物的正常生长需求。

第一，根据植物学知识，详细了解不同植物对水分的需求，包括其生长阶段、气候适应性等特性。这有助于建立每一类植物的基准水分需求，为后续的灌溉系统设计提供科学的依据。

第二，根据实际情况和水文调查，了解土壤的水分分布和供给状况。通过科学手段测算土壤的水分含量，为确定灌溉频率和强度提供准确的数据。在设计灌溉系统时，要综合考虑植物的需水情况和土壤水分状况，确保灌溉的方式科学合理。采用现代化的灌溉技术，如滴灌、喷灌等，以精确控制水分的供应。

在干旱地区或缺水时段，节水是一个不可忽视的方面。因此，灌溉系统的设计要充分考虑采用节水技术，减少水分浪费，提高水资源的利用效率。例如，可以结合气象数据和土壤水分监测系统，智能调整灌溉方案，确保在植物需水的时候提供足够的水分。

（3）水体的利用

水体在园林绿化中扮演着重要的角色，如湖泊、池塘等不仅丰富了园区的景观，还对植物的生长产生积极影响。在进行园林绿化施工时，需要精心规划水体的位置和大小，以充分利用水体为植物提供湿度调节和必需的水分。

第一，在规划园区时，要考虑水体的布局，确定其在整个景观中的位置。水体的位置选择应考虑到光照、气候、植物的需水量等因素，以实现最佳的生态效果。同时，合理的水体规模也有助于提升整体景观的美感。

第二，水体在园林中的湿度调节作用不可忽视。科学合理地设置水体，可以在一定程度上影响周围空气的湿度，为某些植物创造更适宜的生长环境。湖泊或池塘的水汽蒸发和植物蒸腾共同作用，形成湿度适中的气候，有助于维持植物的健康生长。在水体的规划中，还要考虑水质的管理。合理设计水体的深度、水流等特性，以促进水质的自净作用，确保水体清澈透明。这对于园林景观的整体美观和植物的生长都有积极的影响。

第三，在水体周围合理选择植物，既可以打造更加自然的水生植被，又能提供阴凉湿润的环境，为园区增色添彩。

通过充分考虑水体在园林中的作用和影响，精心规划水体的位置、大小和植物配置，可以使水体成为园区生态系统的重要组成部分，提升整体绿化效果，使园林景观更加宜人。

（4）排水系统的设置

园林绿化工程中，一个合理的排水系统是确保园区不过湿的关键。在施工过程中，需要充分考虑土壤的排水性，以防止雨水在园区内积聚，从而有效避免植物根系病害的发生。排水系统的科学设置不仅有助于提高土壤透水性，还可以减轻雨水过多对土壤的压实影响，保持土壤的良好透气性。

第一，需要对园区内的地形地貌进行仔细研究，了解地势高低和坡度情况。根据这些信息，科学规划排水系统，确保雨水能够迅速而有效地流向设计好的排水口或排水渠，避免积水导致的湿润问题。

第二，对土壤类型进行详细分析，不同土壤类型的排水性能差异明显。例如，沙质土壤透水性较好，而黏土壤则相对较差。针对不同土壤类型，可以采用适当的排水措施，如增设排水沟或利用排水管道，确保园区内的雨水迅速被引导排出。

在园区道路、广场等硬质铺装的区域，还可以考虑设置雨水花园或渗水砖等排水设施，通过透水铺装来促进雨水渗透，减轻排水系统的负担。

总体而言，科学合理的排水系统设计不仅有助于园区内雨水的迅速排出，还可以维护土壤的透气性，保障植物根系的健康生长。通过细致的地形分析和土壤排水性的考虑，可以确保排水系统的高效运作，为园林景观提供一个干燥、透气的生长环境。

（5）环境保护与水资源

在进行园林绿化施工时，水资源的可持续性是一个至关重要的考虑因素。合理规划水源的利用，有助于减少水资源的浪费，同时避免对周边环境产生不良影响。

总体而言，合理规划水源利用、采用雨水收集和灰水回收技术，以及科学的植物灌溉管理，有助于提高水资源的利用效率，确保园林绿化项目在水资源方面的可持续性。这些举措不仅有益于园林景观的持久美观，还符合可持续发展的水资源管理理念。

3. 园林绿化的地形地貌

地形地貌对园林绿化施工的影响非常大。例如，在山地或丘陵地区进行施工时，需要考虑地形变化和土壤厚度等因素，同时还需要考虑排水等问题。

地形地貌在园林绿化施工中的影响是复杂而多方面的，因此在进行园林规划和设计时，必须充分考虑地理特征，以确保整个工程在不同地形环境下的顺利进行。

（1）地形变化的影响

不同地形地貌可能存在高差、坡度等变化，这对园林绿化的植物配置和施工方式提出了挑战。在山地或丘陵地区，需要根据地形起伏进行巧妙的规划，避免因地势不平而导致水土流失、植物死亡等问题。

（2）土壤厚度的考虑

土壤在不同地形地貌中的厚度可能会有较大差异。在施工前，需要进行详细的土壤勘测，了解土壤的质地、肥力和透水性等特性。这有助于合理选择植物和进行土壤改良，确保植物的正常生长。

（3）排水问题的解决

地形地貌的不同可能导致水流的聚集或积聚，因此排水系统的设计显得尤为重要。科学合理的排水系统能够防止因雨水过多而引起的地形侵蚀，保障土壤的稳定性，同时确保植物根系不受淤积水的危害。

（二）不同立地条件下园林绿化的施工要点

不同立地条件，如涝洼地、盐碱地、干旱地和岩石裸露地，对园林绿化的影响及人工造林的施工要点，见表6–2。

表6–2　不同立地条件下园林绿化的施工要点

土地类型	影　响	应对措施
涝洼地	容易积水，导致园林植物生长不良、根系腐烂，影响景观效果	加强排水设计，合理布置排水系统；选择耐涝的植物种类，合理配置植物群落
盐碱地	对园林植物的生长有抑制作用，容易导致植物叶片黄化、脱落，影响景观效果	选择耐盐碱的植物种类，如某些地被植物、花卉等；采取土壤改良措施，降低土壤盐分含量
干旱地	水分缺乏，导致园林植物生长不良、叶片萎蔫、花色暗淡	加强灌溉设施建设；选择耐旱性强的植物种类和节水型灌溉方式；合理配置植物群落和景观元素
岩石裸露地	土壤贫瘠、保水能力差导致园林植物生长困难、景观效果不佳	进行局部土壤改良和覆盖有机物等措施；选择适应性强的地被植物和攀缘植物等；合理配置乔灌草等植物群落

结束语

面对当前全球生态环境面临的严峻挑战，林业生态建设和园林景观工程作为重要的生态修复和环境美化的手段，其意义愈加凸显。本书虽然力求全面、深入地探讨相关议题，但仍有许多未尽之处，需要继续努力和探索。

林业生态建设和园林景观工程是一个长期、复杂的过程，需要多方面的努力和协作。无论是理论研究还是实践操作，都需要不断学习、积累和创新。希望本书能成为一个起点，激发更多的人关注和参与到这项事业中来，共同推动其进步和发展。林业生态建设和园林景观工程的发展是一个动态的过程。随着科学技术的进步和社会需求的变化，人们需要不断地更新观念、调整策略和方法。本书所提供的知识和信息仅是当前阶段的认识和理解，未来的发展还需要不断地去探索和实践。

参考文献

一、书籍类

[1] 胡明形，刘俊昌，陈文汇. 中国城市林业与园林绿化统计研究[M]. 北京：中国林业出版社，2010.

[2] 吕敏，丁怡，尹博岩. 园林工程与景观设计[M]. 天津：天津科学技术出版社，2018.

[3] 汪华峰，袁建锋，邵发强. 园林景观规划与设计[M]. 长春：吉林科学技术出版社，2021.

二、期刊类

[1] 程红艳. 现代园林设计中意境的营造分析[J]. 砖瓦世界，2023（4）：202-204.

[2] 邓敏玲，李建军，占璟. 城市林业与园林绿化生态化发展探索[J]. 南方农机，2020，51（1）：257.

[3] 翟瑜. 水土保持林的密度调控[J]. 山西林业科技，2012，41（2）：27-31.

[4] 段瑞雪. 林业生态建设与林业产业发展的关系分析[J]. 农村科学实验，2023（12）：124-126.

[5] 高春泥，马力，尹元银，等. 长江上游地区水土保持林草措施碳汇能力测算[J]. 中国水土保持，2023（9）：20-24.

[6] 胡春琳. 林业生态修复的现状与改进措施[J]. 农村科学实验，2023（2）：128-130.

[7] 胡建楠. 城市林业与园林绿化生态化发展研究[J]. 电脑爱好者（普及版）

（电子刊），2021（3）：709.
[8] 贾晓娟．营林造林保护林业生态平衡的路径[J]．造纸装备及材料，2023，52（9）：137–139.
[9] 李纯琼，熊泋，廖慧红，等．城市林业与园林绿化生态化发展研究[J]．数码–移动生活，2021（11）：349.
[10] 李金才．城市园林绿化与城市林业一体化建设探讨[J]．现代园艺，2021，44（16）：159–160.
[11] 刘彩霞．浅谈林业生态环境保护与建设[J]．河南农业，2023（14）：39–41.
[12] 刘卫新．关于林业生态建设的探讨[J]．农村百事通，2022（2）：94–96.
[13] 刘志莉．林业生态经济效益研究[J]．农村经济与科技，2022，33（8）：60–62.
[14] 麻艳国．造林绿化中林业技术的应用[J]．中国林副特产，2023（1）：87–89.
[15] 彭轩．园林景观设计中的水景设计[J]．中国住宅设施，2023（11）：34–36.
[16] 邱鸿权．城市园林绿化与城市林业实现一体化发展的路径探索[J]．花卉，2021（14）：19–20.
[17] 屈芳．现代园林生态设计方法分析[J]．农业与技术，2016，36（20）：217.
[18] 王传奕，吕鹏．现代园林工程施工技术分析[J]．城市建设理论研究（电子版），2015（6）：1173–1174.
[19] 王春明．城市园林绿化与城市林业一体化实施措施浅析[J]．南方农业，2020，14（27）：46–47.
[20] 王燕萍．现代园林生态设计方法研究[J]．建材与装饰，2018（9）：53–54.
[21] 吴熹樵．林业生态保护的意义及策略研究[J]．造纸装备及材料，2023，52（8）：130–132.
[22] 吴熹樵．天然林保护与林业生态保护策略分析[J]．造纸装备及材料，2023，52（9）：128–130.
[23] 吴永秀．造林绿化工程中苗木栽植技术应用研究[J]．新农业，2022（5）：

18-19.
[24] 于春红，崔鹏飞．水土保持林设计[J]．河南农业，2016（14）：43.
[25] 张辰杰．营林生产与林业生态可持续发展研究[J]．花卉，2023（22）：160-162.
[26] 张福明．引入大数据优化林业生态管理[J]．林业科技情报，2023，55（2）：86-88.
[27] 张双玲．谈现代园林生态设计方法[J]．黑龙江科技信息，2016（2）：95-95.
[28] 章祺康．水景在园林景观中的应用[J]．现代园艺，2023，46（17）：112-114，117.
[29] 赵志林．城市园林绿化改善与林业生态环境发展策略浅析[J]．南方农业，2020，14（27）：55-56.
[30] 钟智坚．现代园林生态设计方法分析[J]．花卉，2022（22）：97-99.